高等职业教育智能制造领域人才培养系列教材

工业机器人技术专业

FANUC工业机器人系统集成与应用

胡金华　孟庆波　程文峰　编

机械工业出版社

CHINA MACHINE PRESS

本书围绕FANUC工业机器人典型的搬运、码垛、分拣和焊接等应用系统，详细介绍了工业机器人工作站系统的组成、机器人与外围系统的数据交互技术、机器人外部轴控制以及机器人视觉等关键技术，指导学生掌握FANUC工业机器人工作站系统的集成与应用技能。全书分为8章，主要内容包括FANUC工业机器人系统集成概述、FANUC工业机器人与外围设备的数据交互、FANUC工业机器人远程控制、机器视觉与机器人智能分拣系统集成、机器人外部轴的控制、基于机器人控制器的系统集成应用、基于PLC的工业机器人系统集成应用以及工业机器人工作站集成综合应用。全书采用任务驱动的方式编写，由浅入深、循序渐进，旨在提高学生的技术水平、培养职业能力与素养。

本书既可作为高等职业教育院校工业机器人技术、机电一体化技术和电气自动化技术等相关专业的教材，也可作为相关培训机构"1+X"培训参考用书，还可供工业机器人集成的工程技术人员参考。

为便于读者阅读和学习，本书采用双色印刷。书中植入二维码链接，读者使用手机即可扫码浏览。

本书配有电子课件，凡使用本书作为教材的教师可登录机械工业出版社教育服务网www.cmpedu.com注册后下载。咨询电话：010-88379375。

图书在版编目（CIP）数据

FANUC工业机器人系统集成与应用 / 胡金华，孟庆波，程文峰编 . —北京：机械工业出版社，2021.3（2025.1 重印）
高等职业教育智能制造领域人才培养系列教材 . 工业机器人技术专业
ISBN 978-7-111-67688-1

Ⅰ . ① F… Ⅱ . ①胡… ②孟… ③程… Ⅲ . ①工业机器人—系统集成技术—高等职业教育—教材 Ⅳ . ① TP242.2

中国版本图书馆 CIP 数据核字（2021）第 039182 号

机械工业出版社（北京市百万庄大街 22 号　邮政编码 100037）
策划编辑：薛　礼　责任编辑：薛　礼　戴　琳
责任校对：肖　琳　封面设计：鞠　杨
责任印制：单爱军
北京虎彩文化传播有限公司印刷
2025 年 1 月第 1 版第 5 次印刷
184mm×260mm · 18 印张 · 395 千字
标准书号：ISBN 978-7-111-67688-1
定价：57.00 元

电话服务　　　　　　　　网络服务
客服电话：010-88361066　机　工　官　网：www.cmpbook.com
　　　　　010-88379833　机　工　官　博：weibo.com/cmp1952
　　　　　010-68326294　金　书　网：www.golden-book.com
封底无防伪标均为盗版　机工教育服务网：www.cmpedu.com

出版说明

《中国制造2025》是我国实施制造强国战略第一个十年的行动纲领，它指出"要实施《中国制造2025》，坚持创新驱动、智能转型、强化基础、绿色发展，加快从制造大国转向制造强国。"将中国制造业转型升级上升为国家战略。

智能制造是《中国制造2025》的核心和主攻方向，而工业机器人是重要的智能制造装备。《中国制造2025》提出将"高档数控机床和机器人"作为大力推动的重点领域，并在重点领域技术创新路线图中明确了我国未来十年机器人产业的发展重点，工业机器人技术及应用迎来了重要的战略发展机遇期。

为了更好地适应机械工业转型升级的要求，促进高等职业教育院校工业机器人技术专业建设及相关传统专业的升级改造，满足制造业转型升级大背景下企业对技术技能人才的需求，为《中国制造2025》提供强有力的人才支撑，机械工业出版社在全国机械职业教育教学指导委员会的指导下，组织国内多所高等职业院校和相关企业进行了充分的市场调研，根据学生就业岗位职业能力要求，明确了学生应掌握的基本知识及应具备的基本技能，构建了科学合理的课程体系，制订了课程标准，确定了每门课程教材的框架内容，进而编写了本套智能制造领域人才培养系列教材。

本套教材可分为专业基础课程教材和专业核心课程教材两大类。专业基础课程教材专注于基础知识的介绍，同时兼顾与专业知识和实践环节的有机结合，为学生后续学习专业核心课程打下坚实的基础。专业核心课程教材主要针对在高等职业教育院校使用较广的ABB、KUKA等品牌的机器人设备，涵盖了工业机器人系统安装调试与维护、现场编程、离线编程与仿真、系统集成与应用等内容，符合专科层次工业机器人技术专业学生职业技能的培养要求；内容以"必需、够用"为度，突出应用性和实践性，难度适宜，深入浅出；着力体现工业机器人的具体应用，操作步骤翔实，图文并茂，易学易懂；编者大多为工业机器人技术专业（方向）教师及企业技术人员，有着丰富的教学或实践经验，并在书中融入了大量来源于教学实践和生产一线的实例、素材，有力地保障了教材的编写质量。

本套教材采用双色印刷，版式轻松活泼，可以使读者获得良好的阅读体验。本套教材还配有丰富的立体化教学资源，包括PPT课件、电子教案、习题解答、实操视频以及多套工业机器人技术专业人才培养方案，可为教师进行专业建设、课程开发与教学实施等提供有益的帮助。本套教材适合作为高职高专院校工业机器人技术、机械制造与自动化、电气自动化技术、机电一体化技术等专业的教材及学生自学用书，也可供相关工程技术人员参考。

本套教材在调研、组稿、编写和审稿过程中，得到了全国机械职业教育教学指导委员会、多所高职院校及相关企业的大力支持，在此一并表示衷心的感谢！

机械工业出版社

前言 PREFACE

党的二十大报告指出：教育、科技、人才是全面建设社会主义现代化国家的基础性、战略性支撑；统筹职业教育、高等教育、继续教育协同创新，推进职普融通、产教融合、科教融汇，优化职业教育类型定位。当前，科教兴国战略已经成为国家战略的重要组成部分。编写本书旨在贯彻落实国家科教兴国战略，推动工业机器人技术的应用和创新，为我国现代化建设提供有力的人才支撑和技术支持。

工业机器人系统集成是我国工业自动化的发展方向，国家高度重视机器人产业发展，从研发、采购和应用推广等方面提供了政策和资金支持，但机器人无论多么优秀也离不开系统集成。应用集成系统的研发是机器人产业链上成本最高、技术门槛最高的环节。近年来，随着工业机器人产业的火速升温，机器人系统集成也逐年升温，备受追捧。

从工业机器人本体的市场占有率看，"四大家族"的业务一直占据全球机器人的主要市场。其中，FANUC（发那科）机器人占有率居前，广泛应用在装配、搬运、焊接、铸造、喷涂和码垛等生产环节，满足了客户的不同需求。FANUC机器人还可以使用FANUC程序和模拟软件（ROBOGUIDE）来实现自动化应用。虽然FANUC工业机器人市场占有率高，但已出版或网络上公开的技术资料十分有限，针对FANUC工业机器人系统集成应用的教材更加匮乏。

从应用角度看，全球工业机器人集成中用于"搬运"的占比最高，几乎占全球总销量的一半。搬运应用又可以按照应用场景不同分为拾取装箱、注塑取件和机床上下料等。本书从实用性出发，选用FANUC机器人为本体，以搬运、分拣和码垛工作站的集成应用为例进行讲解，使学生掌握FANUC工业机器人系统集成的主要知识与技能。

本书采用任务驱动、项目导向的方式，设置了一系列学习任务，将FANUC工业机器人与外部设备的各种通信方式、FANUC本体自带的iRVision机器视觉、外部设备程序选择与启停控制等知识技能融入各案例设计中。在项目实施中详细讲述了任务要求、设备连接、机器人系统参数配置、PLC程序设计和机器人程序设计等详细过程。本书配备电子资料（其中包含仿真模型，以便在没有现场设备或现场设备资源不足时进行仿真调试），便于教师使用本书开展教学，让学生边学边练，加强感性认识，达到事半功倍的效果。

本书在编写过程中参阅了国内外的相关资料，并得到了金文兵、黄忠慧等专家的指导，在此表示衷心的感谢！

由于编者水平有限，书中难免有疏漏之处，恳请读者批评指正。

编　者

二维码索引

（续）

目录 CONTENTS

第1章
CHAPTER 1

FANUC工业机器人系统集成概述

工业机器人本身仅仅是运动机构，并无执行结构，仅靠工业机器人本身无法完成具体的生产任务，必须在工业机器人上加装末端执行器，配合外部控制设备，进行系统集成后才可以完成具体的生产任务。本章重点介绍 FANUC 工业机器人系统集成的基础知识。

知识目标

1. 了解工业机器人的应用领域。
2. 熟悉 FANUC 工业机器人工作站的组成。
3. 掌握 FANUC 工业机器人的基本结构。
4. 了解工业机器人工作站的设计原则与步骤。
5. 了解工业机器人工作站的系统仿真技术。

技能目标

1. 了解工业机器人的基本运动控制。
2. 熟悉仿真软件 ROBOGUIDE 的简单应用。
3. 熟悉仿真软件 MCD 的简单应用。

思维导图

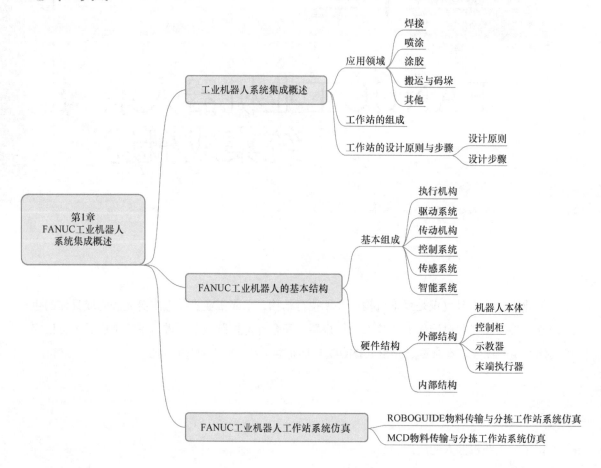

1.1 工业机器人系统集成概述

工业机器人是面向工业领域的多关节机械手或多自由度的机器装置，它能自动执行工作，是靠自身动力和控制能力来实现各种功能的一种机器。但工业机器人必须加装末端执行器、结合其他外部控制设备进行系统集成后才可以完成具体的生产任务。

1.1.1 工业机器人的应用领域

工业机器人常应用于汽车、食品、铸造、化工、医药和电子制造等行业中，可用于弧焊、点焊、搬运、码垛、涂胶、喷漆、去毛刺、切割、激光焊接、分拣和测量等。

工业机器人应用最早和最多的是汽车行业。下面以汽车行业为例，简单介绍几种常见的工业机器人具体应用。

（1）焊接应用　工业机器人的焊接应用主要有点焊和弧焊两种，如图1-1和图1-2所示。点焊机器人主要负责汽车生产中的点焊作业，多在焊接车体薄板件时使用。据统计，一辆汽车的车身有三四千个焊点，其中，有60%的焊点是由点焊机器人完成的。在大批大量汽车生产线上，所用点焊机器人的数量可达150多台。

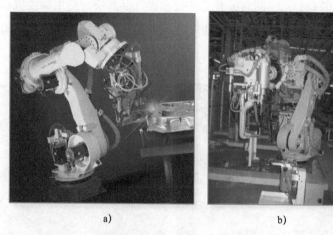

a)　　　　　　　　　　　　　b)

图1-1　工业机器人点焊作业

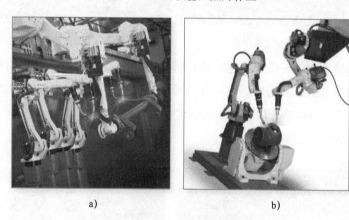

a)　　　　　　　　　　　　　b)

图1-2　工业机器人弧焊作业

弧焊机器人一般应用在多块金属连续结合处的焊缝工艺，可以完成自动送丝、熔化电极，并能在气体保护条件下进行焊接，其应用非常广泛。

手工焊接对工作人员有很大伤害，而且不能保证焊接质量。工业机器人的工作性能体现在：安装面积小，工作空间大，在保证定位高精度的情况下，可以小节距地实现多点定位，持重力大，示教简单，同时能够保证焊接质量。

（2）喷涂应用　喷涂工业机器人主要用于完成物体表面的喷漆。喷涂作业生产率高，适用于手工作业及工业自动化生产，是现今应用最普遍的一种涂装方式。喷涂工业机器人的大量应用极大地解放了在危险环境下工作的劳动力，也极大地提高了汽车制造企业的生产率，并可保证稳定的喷涂质量，降低成品返修率，提高油漆利用率，减少废油漆、废溶剂的排放，有助于构建环保的绿色工厂。工业机器人喷漆作业实例如图1-3所示。

（3）涂胶应用 与普通人工涂胶相比，涂胶机器人涂胶品质更高，更节约喷漆和喷剂，有更佳的过程控制和灵活性。用涂胶机器人涂胶的劣势是购买成本稍高，但涂胶机器人可替代目前越来越昂贵的人工劳动力，能同时提升工作效率和产品品质。使用涂胶机器人可以降低废品率和产品成本，提高机床的利用率，降低由于工人误操作产生残次零件的风险等。工业机器人涂胶作业实例如图1-4所示。

图1-3 工业机器人喷漆作业　　　　图1-4 工业机器人涂胶作业

（4）搬运与码垛应用 一般企业生产货物需经过加工、分拣和包装等工序，在此过程中，经常要用到工业机器人搬运和码垛。搬运和码垛是目前很多行业使用工业机器人的具体方式。使用工业机器人搬运和码垛速度快、效率高，可以搬运较重的物品，大大节约了人力成本。工业机器人搬运与码垛作业实例如图1-5所示。

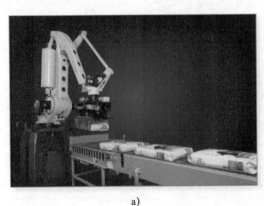 

a)　　　　　　　　　　　　　　　b)

图1-5 工业机器人搬运与码垛作业

（5）其他应用 工业机器人在切割、分拣、包装、检测和装配等场合的应用也十分广泛。在现代加工生产中，用机器人替代人工重复劳动已成为必然趋势，如图1-6和图1-7所示。

图1-6 工业机器人切割作业

图1-7 工业机器人装配作业

1.1.2 工业机器人工作站的组成

工业机器人集成系统又称为工业机器人工作站，是指使用一台或多台机器人，配以相应的周边设备，用于完成某一特定工序作业的独立生产系统。它主要由工业机器人本体、末端执行器、控制柜和周边设备等组成，如图1-8所示。

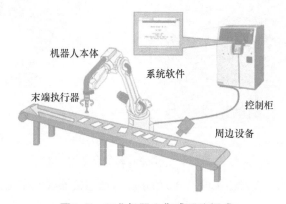

图1-8 工业机器人集成系统组成

末端执行器等辅助设备及其他周边设备随应用场合和工件特点的不同存在较大差异。例如，焊接机器人工作站的外围系统包括焊枪、焊机、变位机和清枪机构等，如图1-9所示；搬运机器人工作站的外围系统包括真空吸盘、货架和输送料装置等，如图1-10所示。

图1-9 焊接机器人工作站

图1-10 搬运机器人工作站

工业机器人工作站的常见周边设备有供料、送料设备，搬运、安装部分，机器视觉系统，控制与操作部分，仓储系统，专用机器以及安全相关设施等。

（1）供料、送料设备　供料、送料设备一般是指传送带、储料箱、货盘和供料机等为机器人工作站供应、传送物料的设备。传送带是最常见的供料设备之一，分为滚轮传送和带传送两种。其中，滚轮传送一般在包装箱等传送的场合使用，可传送重量比较大的物体、传送速度较快；带传送一般在货盘、小盒子等传送的场合使用，可传送不能振动的物品和容易翻倒物品。

（2）搬运、安装部分　对于机器人工作站的不同作业对象，需要相应的机器人抓手。因此，抓手的选择在很大程度上体现了工业机器人的功能，反映了机器人工作站的主要工作任务。抓手的种类多种多样，在某些场合，为了提高工业机器人的利用效率，根据需要，也可选用复合抓手，如图1-11所示。

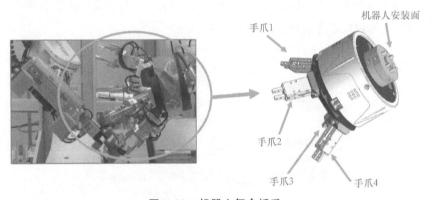

图1-11　机器人复合抓手

许多工业机器人安装了导轨，如图1-12所示，可增加机器人的作业空间，或在机器人作业区内移动工件，如对多台设备或辅助工装、从货盘架中进行货品组合作业以及在大型部件上作业等。

许多线性滑轨的控制装置是作为附加耦合轴集成到机器人控制系统中的，这样就无需其他控制装置了。

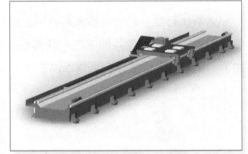

图1-12　机器人导轨

（3）机器视觉系统　机器视觉系统的功能是用机器代替人眼来做测量和判断。通过机器视觉系统，产品将被摄取并转换成图像信号，传送给专用的图像处理系统，对这些信号进行各种运算来抽取目标的特征，进而根据判别的结果来控制现场的设备动作。机器视觉系统的特点是可提高生产的柔性和自动化程度。在一些不适合人工作业的危险工作环境中，常用机器视觉来替代人工视觉在生产线上对产品进行测量、引导、检测和识别，并能保质保量地完成生产任务。

（4）专用机器　专用机器主要是指一些专用的加工、检测等设备，如加工机（NC/激光/放电加工机、车床、焊机等）、检查装置等。

（5）控制与操作部分　目前，可编程逻辑控制器（PLC）和触摸屏等作为常用的工业控制和人机界面设备，常被用作构建机器人工作站的操作和控制系统。图1-13所示为一些机器人工作站系统控制柜的组成结构。

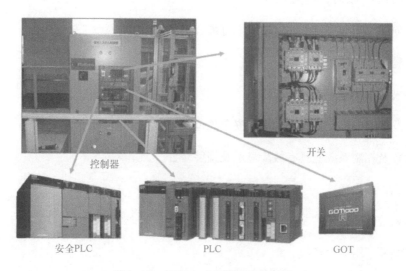

控制器　开关

安全PLC　PLC　GOT

图1-13　机器人工作站系统控制柜

（6）仓储系统　比较常见的仓储系统是自动化立体仓库（图1-14）。利用立体仓库设备可实现仓库高层货物管理合理化、存取自动化以及操作简便化。

图1-14　自动化立体仓库

自动化立体仓库是当前技术水平较高的形式。它的主体由货架、巷道式堆垛起重机、入（出）库工作台、自动运进（出）及操作控制系统组成。货架是钢结构或钢筋混凝土结构的建筑物或结构体，货架内是标准尺寸的货位空间。巷道式堆垛起重机穿行于货架之间的巷道中，完成存、取货的工作。管理上常采用计算机及条形码、磁条、光学字符或射频等识别技术。

（7）安全相关设施　安全相关设施主要有安全光栅、停止开关和信号灯等。

1.1.3　工业机器人工作站的设计原则与步骤

1. 工业机器人工作站的设计原则

由于工作站的设计是一项较为灵活多变、关联因素甚多的技术工作，可将共同因素抽象出来，得出一般的设计原则，具体如下：

1）设计前必须充分分析作业对象，拟订最合理的作业工艺。

2）必须满足作业的功能要求和环境条件。

3）必须满足生产节拍要求。

4）整体及各组成部分必须全部满足安全规范及标准。

5）各设备及控制系统应具有故障显示及报警装置。

6）便于维护和修理。

7）操作系统便于联网控制。

8）工作站便于组成生产线。

9）操作系统应简单明了，便于操作和人工干预。

10）经济实惠，能快速投产。

这十项设计原则共同体现了工作站用户多方面的需求，简单地说就是千方百计地满足用户的要求。

2.工业机器人工作站的设计步骤

根据工业机器人应用及系统集成的案例分析，总结工业机器人工作站设计的一般步骤如下：

1）规划及系统设计。规划及系统设计包括设计单位内部的任务划分、机器人考察及询价、编制规划单、运行系统设计、外围设备（辅助设备、配套设备及安全装潢等）能力的详细计划和关键问题的解决等。

2）布局设计。布局设计包括机器人选型，人机系统配置，作业对象的物流路线规划，电、液、气系统走线，操作箱、电器柜的位置以及维护、修理和安全设施配置等内容。

3）扩大机器人应用范围的辅助设备的选用和设计。此项工作的任务包括机器人末端执行器、固定或改变作业对象位姿的夹具和变位机、改变机器人动作方向和范围的机座的选用和设计。一般来说，这一部分的设计工作量最大。

4）配套设备和安全装置的选用和设计。此项工作主要包括为完成作业要求的配套设备（如弧焊的焊丝切断和焊枪清理设备等）的选用和设计，安全装置（如围栏、安全门等）的选用和设计以及现有设备的改造等内容。

5）控制系统的设计。此项工作包括选定系统的标准控制类型与追加性能，确定系统工作顺序与方法及互锁等安全设计，液压、气动、电气、电子设备及备用设备的试验，电气控制线路的设计，机器人线路及整个系统线路的设计等内容。一般选用PLC作为外围控制系统的核心控制器件，但在某些特殊的加工工艺中，考虑PLC的I/O延迟会对加工工艺造成不良影响，可以用嵌入式系统作为控制器件。应尽量考虑在工业机器人及各外部控制设备之间采用工业现场总线的通信方式，以减少安装施工工作量和周期，提高系统可靠性，降低后期维护维修成本。

6）支持系统的设计。支持系统应包括故障排队与修复方法、停机时的对策与准备、备用机器的筹备以及意外情况下的救急措施等内容。

7）文档资料的设计。此项设计包括编写工作系统的说明书、机器人工作站详细性能和规格的说明书，接收检查文本、标准件说明书，绘制工程图以及编写图样清单等内容。

8）系统的安装与调试。在工业机器人应用系统安装阶段，需严格遵守施工规范，保证施工质量；调试时应尽量考虑各种使用情况。不论是安装还是调试，安全都是重中之重，必须时刻牢记安全操作规程。

1.2 FANUC工业机器人的基本结构

1.2.1 工业机器人的基本组成

一台完整的工业机器人从不同的角度看，可以分成三大部分或六大子系统。三大部分指的是机械部分、传感部分和控制部分。机械部分即机座和执行机构，包括臂部、腕部和手部，有的机器人还有行走机构。六大子系统包括执行机构、驱动系统、传动机构、控制系统、传感系统和智能系统。各部分关系如图1-15所示。

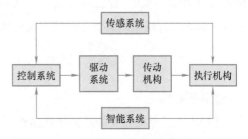

图1-15 工业机器人基本组成结构示意图

（1）执行机构 执行机构是机器人赖以完成各种作业的主体部分，是由关节连在一起的许多机械连杆的集合体。它实质上是一个拟人手臂的空间开链式机构，一端固定在基座上，另一端可自由运动。由关节 - 连杆结构所构成的机械臂大体可分为基座、腰部、臂部（大臂和小臂）和手腕四部分。

1）基座是机器人的基础部分，起支承作用。

2）腰部是机器人臂部的支承部分。

3）臂部是连接机身和手腕的部分，是执行机构中的主要运动部件，也称为主轴，主要用于改变手腕和末端执行器的空间位置。

4）手腕是连接末端执行器和臂部的部分，也称为次轴，主要用于改变末端执行器的空间姿态。

（2）驱动系统　驱动系统是驱使工业机器人执行机构运动的系统。它按照控制系统发出的指令信号，借助动力元器件使机器人产生动作，相当于人的肌肉、筋络。机器人常用的驱动方式主要有液压驱动、气压驱动和电气驱动三种基本类型。目前，除个别运动精度不高、重负载或有防爆要求的机器人采用液压和气压驱动外，工业机器人大多采用电气驱动，其中交流伺服电动机应用最广，且驱动器布置大都采用一个关节一个驱动器。

（3）传动机构　传动机构有机械式、电气式、液压式、气动式和复合式等。目前，工业机器人广泛采用的机械传动单元是减速器。

（4）控制系统　控制系统一般由操作盘（控制计算机）和伺服控制装置组成。操作盘的作用是发出指令协调各有关驱动器之间的运动，同时要完成编程、示教 / 再现、其他环境（传感器）信号处理，以及外部相关设备之间的信息传递和协调工作。伺服控制装置的作用是控制各关节驱动器，使各部分能按预定的运动规律运动。

（5）传感系统　传感系统由内部传感器模块和外部传感器模块组成，用于获取内部或外部环境状态中的有用信息。智能传感器的应用提高了机器人的机动性、适应性和智能化的水准。

（6）智能系统　智能系统主要包括机器人 - 环境交互系统和人机交互系统。前者主要是指机器人与外部环境中的设备进行联系与协调工作的系统；后者是指操作人员参与机器人控制，并与机器人进行联系的装置，如计算机终端、指令控制台、信息显示板和危险信号报警器等。

1.2.2　FANUC工业机器人的硬件结构

1.外部结构

FANUC 工业机器人的外部结构由机器人本体、控制柜、示教器和末端执行器等部分组成，如图 1-16 所示。

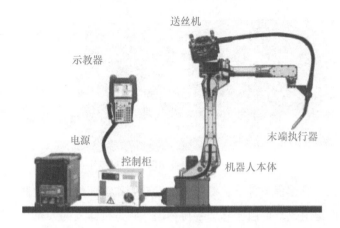

图1-16　FANUC工业机器人的外部结构

（1）机器人本体　机器人本体又称为操作机，是工业机器人的机械主体，用来完成各种作业。机器人本体因作业任务不同而在结构型式和尺寸上存在差异，普遍采用关节型结构，即类似人体的腰、肩和腕等仿生结构，主要由机械臂、驱动装置、传动单元及内部传感器等部分组成，各环节每一个结合处是一个关节点，一般为四轴或六轴。通用的六轴机器人结构如图1-17所示。

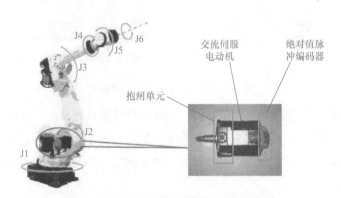

图1-17　FANUC工业机器人本体结构图

（2）控制柜　机器人控制柜是根据指令及传感信息控制机器人完成一定动作或作业任务的装置，相当于人的大脑，负责机器人系统的整体运算与控制。它通过各种控制电路硬件和软件的结合来操纵机器人，并协调机器人与生产系统中其他设备的关系。机器人控制器是决定机器人功能和性能的主要因素，也是机器人系统中更新和发展最快的部分。

FANUC工业机器人控制柜外观和各部分名称如图1-18所示，主要有模式开关、急停按钮、循环启动按钮、报警复位按钮、电源指示灯、报警指示灯、USB接口和RS 232-C串口等。

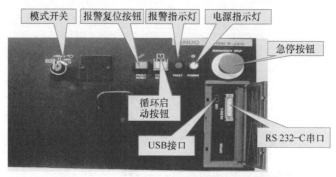

图1-18　FANUC工业机器人控制柜外观图

（3）示教器　在现场编程条件下，机器人的运动操作需要使用示教器来实现。示教器主要由液晶屏幕和操作按键组成，可由操作者手持移动，它是机器人的人机交互接口，机器人的所有操作基本上都可以由它来完成。示教器的实质就是一个专用的智能终端。

FANUC 工业机器人示教器外观如图 1-19 所示。

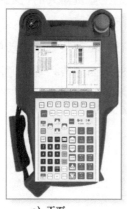 

a）正面　　　　　　　　　　　　b）反面

图1-19　FANUC工业机器人示教器外观图

（4）末端执行器　工业机器人本体最后一个轴的机械接口通常为一连接法兰，可接装不同的机械操作装置，如图 1-20 所示。它可能是用于抓取搬运的手部（爪）或吸盘，也可能是用于喷漆的喷枪、用于焊接的焊枪、用于给工件去毛刺的倒角工具、用于磨削的砂轮以及用于检测的测量工具等。

a）喷管　　　　　b）夹具　　　　　c）吸盘　　　　　d）点焊枪　　　　　e）倒角工具

图1-20　工业机器人末端执行器示意图

2.内部结构

机器人控制柜的外部电气接口有机器人本体、USB 存储器、示教器、外围设备、RS422/RS 232-C 接口、以太网和电源接口等，如图 1-21 所示。

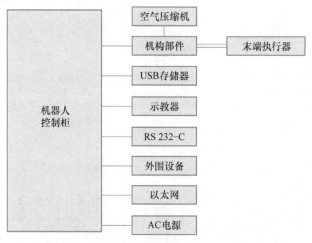

图1-21　机器人控制柜电气接口连接方框图

下面以 R-30iB Mate 控制柜为例，说明 FANUC 工业机器人控制柜的内部结构和各部件功能。R-30iB Mate 控制柜内部器件的安装位置如图 1-22 所示。

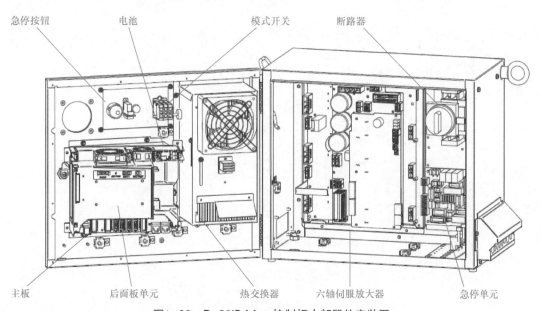

图1-22　R-30iB Mate控制柜内部器件安装图

R-30iB Mate 控制柜内部结构如图 1-23 所示。

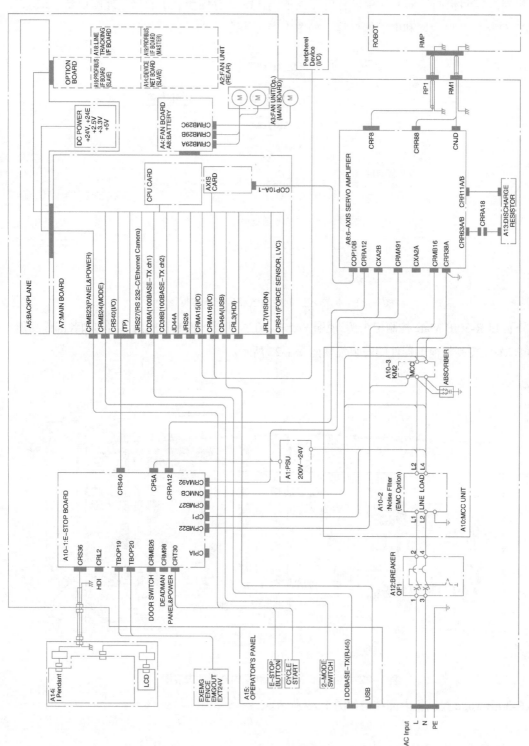

图1-23 R-30iB Mate控制柜内部结构

图中各部分名称及功能介绍如下：

1）交流输入电源（AC Input）：为系统提供电源。

2）线路断路器（Breaker）：如果控制柜内的电子系统故障或者非正常输入电源造成系统内产生大电流，则线路断路器断开输入电源，保护设备。

3）电动机控制中心（Motor Control Center，MCC）：统一管理配电和仪器设备，将各种电动机控制单元、馈电接头单元、配电变压器、照明配电盘、联锁继电器以及计量设备装入一个整体安装的机壳内，并且由一个公共的封闭母线供电。

4）电源供给单元（PSU）：将 AC 电压转换成不同大小的 DC 电压。

5）主板（Main Board）：主板上安装有位处理器、外围线路、存储器和操作面板控制线路。此外，主板还进行伺服系统的位置控制。

6）紧急停止单元（E-Stop Unit）：控制机器人的紧急停止，同时也包含了与安全相关的信号等端子台。

7）伺服放大器单元（Servo Amplifier）：控制伺服电动机的电源、脉冲编码器，能实现制动控制、超行程及手动制动。

8）背板（Backplane）：安装各类控制板。

9）选项板（Option Board）：一般为各种外围通信接口，如 ProfiBus 总线、DeviceNet 总线和 Line Tracking 等。

10）风扇单元（Fan Unit）：用于控制单元内部降温。

11）机器人本体（Robot）：系统的执行机构。

12）I/O 板（I/O Board）：FANUC 输入 / 输出单元，使用该部件后，可以选择多种不同的输入 / 输出类型。这些输入 / 输出可连接到 FANUC 输入 / 输出连接器。

13）示教器（Teach Pendant）：由液晶屏幕和操作按键组成，是机器人的人机交互接口，是一个专用的智能终端。

14）安全设施信号：安全光栅、急停按钮和信号灯等。

15）操作面板及其电路板（Operate Panel）：操作面板上的按钮盒是用来起动机器人的，发光二极管用来显示机器人的状态。

16）再生电阻（Regenerative Resistor）：为了释放伺服电动机机械能所形成的反向电动势，需要在伺服放大器上接一个再生电阻。

1.3 FANUC工业机器人工作站系统仿真

工业机器人离线仿真技术是指利用计算机软件，在虚拟环境中实现机器人工作站系统功能的辅助设计技术。一般而言，它包括机器人选型、工作站设计与模拟硬件系统搭建、软件编程控制和仿真环境的碰撞检测等主要步骤，该环节在整个工程中起承上启下的作用。通过对机器人工作站的离线示教编程和调试，可使机器人工作站达到接近实际生产的状态。在实际操作中，还可以把设计好的程序移植到实际机器人控制器中，以实现仿真设计与工程施工现场的衔接，避免不必要的返工，大大缩短研发工期，节约研发成本，具有既经济又安全的优点。它是机器人工作站系统设计中的一门重要技术。

ROBOGUIDE 软件是一种创建 FANUC 工业机器人工作站系统的应用工具。利用该软件，工程师可以按照生产流程要求构建生产线和工业机器人应用系统，实现在软件环境中进行设计、仿真的目标。它适合采用 FANUC 工业机器人控制器做主控的系统集成应用的仿真设计与运行。

机电一体化概念设计（Mechatronics Concept Designer, MCD）是基于功能开发的机电一体化概念设计解决方案。设计人员借助 MCD 可创建机电一体化模型，对包含多物理场以及通常存在于机电一体化产品中的自动化相关行为的概念进行 3D 建模和仿真，实现创新性的设计技术，从而实现机械、电气、传感器、制动器及运动等多学科之间的协同融合。它利用重用现有知识，通过概念评估，帮助用户做出更明智的决策，进而不断地提高机械设计的效率，缩短设计周期，降低成本，提升设计品质。它适合采用西门子 PLC 做主控的系统集成应用的仿真设计与运行。

1. ROBOGUIDE物料传输与分拣工作站系统仿真

运输搬运分拣系统包含一套货架及待取的货物、一个机器人、一套 AGV 小车、一条 AGV 小车电磁导轨、一套取货升降台、两条传送带、多个物料盘和工件等。

系统的工作流程包括如下六个步骤：

工业机器人系统集成设备Roboguide仿真效果

1）机器人、升降台、AGV 小车和两条传送带回到初始位。

2）升降台从货架中取出一个装着三个零件的托盘。

3）升降台把装有三个零件的托盘放在 AGV 小车上。

4）AGV 小车运送货物至传送带一上。

5）机器人分别抓取三个零件放在传送带二上。

6）机器人抓取托盘放入托盘框中。

重复以上步骤，进入下一个循环。

应用FANUC公司的仿真软件ROBOGUIDE实现上述仿真效果如图1-24所示。

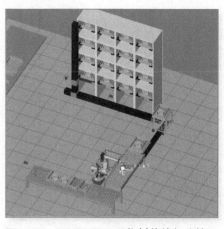

图1-24 ROBOGUIDE物料传输与分拣工作站仿真效果图

2. MCD物料传输与分拣工作站系统仿真

运输搬运分拣系统包含高架仓库、巷道堆垛机、AGV小车、倍速链、FANUC工业机器人、PLC、触摸屏，以及一些相关设备等。

系统的工作流程包括如下七个步骤：

1）仓库归零，AGV小车归零，机器人回原点。

2）堆垛机自动从高架仓库上取物料并放在小车上。

3）当小车装满三块料时就将物料运送到倍速链一端。

4）小车卸料，完成后自动返回初始位。

5）倍速链运料至机器人一端。

6）视觉检测后，机器人分拣物料。

7）分拣完成后，机器人自动回初始位。

重复以上过程，进入下一个循环。

应用西门子公司的仿真软件MCD实现上述仿真效果如图1-25所示。

工业机器人系统
集成设备MCD
虚拟仿真效果

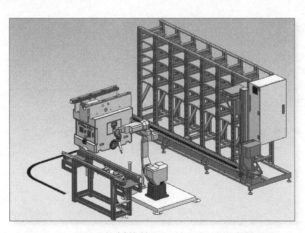

图1-25 MCD物料传输与分拣工作站仿真效果图

第2章
CHAPTER 2

FANUC工业机器人与外围设备的数据交互

机器人系统集成的关键是机器人与外围设备进行数据交互。本章主要从直接输入/输出点（I/O）和网络传输两个方面来进行介绍，通过具体案例，逐层深入地讲解机器人与外围设备之间的数据交互。

知识目标

1. 了解 FANUC 工业机器人控制装置内部的 I/O 硬件组成。

2. 熟悉 FANUC 工业机器人的 I/O 类型。

3. 理解 I/O 点的逻辑地址与物理地址的关系。

4. 熟悉 CRMA15/CRMA16 I/O 板和 EE 接口的信号含义。

5. 掌握 FANUC 工业机器人 I/O 的指令应用。

技能目标

1. 掌握工业机器人与外围设备数据交互的电气连接。

2. 掌握 FANUC 工业机器人地址分配的方法。

3. 掌握机器人利用 CRMA15/CRMA16 和 EE 接口 I/O 点与外部设备进行数据交互的方法。

4. 掌握机器人利用网关与外部设备进行数据交互的方法。

思维导图

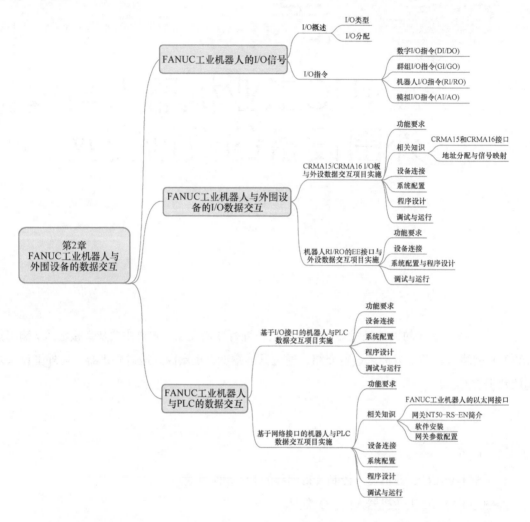

2.1 FANUC工业机器人的I/O信号

2.1.1 FANUC工业机器人I/O概述

机器人IO概述

1.机器人的I/O类型

机器人的I/O信号是机器人与末端执行器、外部装置等系统外围设备进行通信的电信号，可分为通用I/O和专用I/O。

（1）通用I/O　通用I/O是可由用户自定义并使用的I/O。通用I/O有如下三类：

1）数字 I/O：DI[i] / DO[i]，512/512。

2）群组 I/O：GI[i] / GO[i]，0～32767。

3）模拟 I/O：AI[i] / AO[i]。

（2）专用 I/O　专用 I/O 是用途已经确定的 I/O。专用 I/O 有如下几种：

1）外围设备（UOP）I/O：UI [i] /UO [i]。

2）操作面板（SOP）I/O：SI [i] /SO [i]。

3）机器人 I/O：RI [i] /RO [i]。

将通用 I/O（DI/DO、GI/GO 等）和专用 I/O（UI/UO、RI/RO 等）称为逻辑信号。机器人的程序可以直接对逻辑信号进行信号处理。

将实际的 I/O 信号线称为物理信号。要指定物理信号，可利用机架、插槽来指定 I/O 模块，并利用该 I/O 模块内的信号编号（物理编号）来指定各信号。

为了在机器人控制装置上对 I/O 信号线进行控制，必须建立物理信号和逻辑信号的关联。将建立这一关联称为 I/O 分配。通常会采取自动 I/O 分配，有需要时可以手动进行分配。其中，数字 I/O（DI/DO）、群组 I/O（GI/GO）、模拟 I/O（AI/AO）和外围设备 I/O（UI/UO）可变更 I/O 分配，重新定义物理信号和逻辑信号的关联；而机器人 I/O（RI/RO）、操作面板 I/O（SI/SO）的物理信号已被固定为逻辑信号，因而不能进行再定义。

2. I/O分配

机器人最常用的信号配置是 I/O 分配，它是建立机器人的软件端口与外围设备之间关系的重要途径。

（1）I/O 分配操作　I/O 分配的主要步骤如下：

1）打开 I/O 分配界面。在机器人示教器上依次按键操作：【MENU】（菜单）→【I/O】（信号）→ F1【Type】（类型）→【Digital】（数字），显示数字 I/O 一览界面，如图 2-1 所示。按 F3【IN/OUT】可切换到 DI 界面。

IO分配

2）按 F2【分配】（CONFIG）进入数字 I/O 分配界面，如图 2-2 所示。

3）按 F2【一览】（MONITOR）可返回数字 I/O 一览界面。

4）按 F3【IN/OUT】（输入 / 输出）可在输入、输出间切换。

5）按 F4【清除】（DELETE）删除光标所在项的分配。

（2）I/O 分配界面各参数的含义

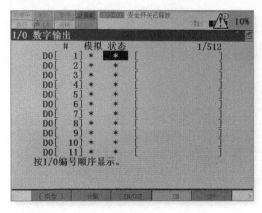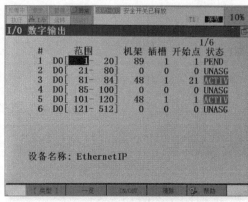

图2-1　数字I/O一览界面　　　　　图2-2　数字I/O分配界面

1）范围（RANGE）：软件端口的范围，可设置。

2）机架（RACK）：I/O通信设备种类。

①0：处理I/O印制电路板、I/O连接设备连接单元。

②1~16：I/O Unit-MODEL A/B。

③32：I/O连接设备从机接口。

④48：R-30iB Mate的主板（CRMA15/CRMA16）。

⑤81~84：DeviceNET总线接口。

⑥89：网络接口。

3）插槽（SLOT）：I/O模块的数量。

①使用处理I/O印制电路板、I/O连接设备连接单元时，按连接的顺序为插槽1，2…。

②使用I/O Unit-MODEL A时，安装有I/O模块的基本单元的插槽编号值。

③使用I/O Unit-MODEL B时，通过基本单元的DIP开关设定的单元编号，即该基本单元的插槽值。

④I/O连接设备从机接口、R-30iB Mate的主板（CRMA15/CRMA16）中，该值始终为1。

⑤使用网络通信时，SLOT号为1。

4）开始点（START）：对应于软件端口的I/O设备起始信号位。

5）状态（STAT）。

①ACTIV：激活，当前正确使用该分配。

② UNASG：尚未被分配。

③ PEND：已正确分配，重新通电时为 ACTIV。

④ INVAL：设定有误。

> **注意** 工业机器人 I/O 地址分配完毕，必须重启机器人控制器，使分配生效，即由"PEND"状态转换为"ACTIV"状态，系统才能正确运行。

2.1.2　FANUC工业机器人的I/O指令

I/O 指令用来改变向外围设备输出信号的状态或读出输入信号的状态，主要有数字 I/O 指令（DI/DO）、机器人 I/O 指令（RI/RO）、模拟 I/O 指令（AI/AO）和群组 I/O 指令（GI/GO）。

1.数字I/O指令（DI/DO）

数字 I/O 指令（DI/DO）是对单个数字 I/O 进行读取或赋值的指令，通过 DI[i] 进行单个输入信号的读取，通过 DO[j] 进行单个输出信号的赋值。常用的 DI/DO 指令有以下四种格式：

1）R[i]=DI[j]。

2）DO[i]=ON/OFF。

3）DO[i]=R[j]。

4）DO[i]=PULSE，（Width）。

（1）R[i]=DI[j] 指令　该指令将第 j 个数字输入 DI[j] 的状态赋值给寄存器 R[i]。当输入点 DI[j] 为高电平时，R[i]= 1；当输入点 DI[j] 为低电平时，R[i]= 0。

如图 2-3 所示，当外部输入开关未按下时，接收器电路 RV 为低电平，DI[i]=OFF；当外部输入开关按下时，+24V 电源拉高接收器电路 RV 的电平，使 DI[i]=ON。

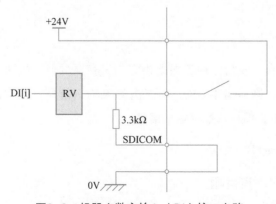

图2-3　机器人数字输入（DI）接口电路

【例2-1】 假如输入点 DI[1]、DI[4] 均接入了 +24V，而 DI[2]、DI[3] 均接入了 0V，那么执行完以下指令后，R[1]、R[2]、R[3] 和 R[4] 分别为多少？

1:R[1]=0

2:R[2]=1

3:R[3]=2

4:R[4]=3

5:R[1]=DI[1]

6:R[R[3]]=DI[R[4]]

难点分析：关键是第 5、6 行的分析。由第 5 行分析可知，R[1]=DI[1]=1；由第 6 行分析可知，实质赋值是 R[2]=DI[3]=0。

最终答案为：R[1]=1，R[2]=0，R[3]=2，R[4]=3。

（2）DO[i]=ON/OFF 指令 该指令用于发出或关闭指定的数字输出信号。当 DO[i]=ON 时，输出高电平；当 DO[i]=OFF 时，输出低电平。

如图 2-4 所示，当 DO[i]=ON 时，晶体管导通，24V 电源接入继电器 KA 线圈，KA 对应的触点（常开 / 常闭）动作，从而实现通断控制。火花抑制器二极管起续流作用。

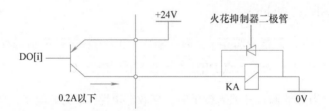

图2-4 机器人数字输出（DO）接口电路

【例2-2】 1:DO[1]=ON

2:DO[R[3]]=OFF

（3）DO[i]=R[j] 指令 该指令用于根据指定的寄存器的值，接通或断开指定的数字输出信号。若寄存器 R[j]=0，则 DO[i]=OFF，即断开数字输出信号；若寄存器 R[j] 为不等于 0 的其他数字，则 DO[i]=ON，即接通数字输出信号。

【例2-3】 1:DO[1]=R[2]

2:DO[R[4]]=R[R[2]]

（4）DO[i]=PULSE，（Width）指令 该指令用于输出一定脉宽的脉冲信号，脉宽可由

"（Width）"指定。在没有指定时间的情况下，即省略后面的脉宽值时，输出脉冲宽度由系统参数 $DEEPULSE（单位为 0.1s）指定。

【例 2-4】　1:DO[1]=PULSE

2:DO[2]=PULSE ，0.2 sec

3:DO[R[2]]=PULSE ，1.2 sec

综上所述，数字 DI/DO 通过地址分配（机架、插槽和开始点）实现逻辑地址与物理信号线的关联，常用于机器人与外部设备的输入 / 输出信号控制，可通过机器人控制装置主板上的 CRMA15/CRMA16 接口与外部设备进行数据交互。

2.群组I/O指令（GI/GO）

群组 I/O 指令是对几个数字输入 / 输出信号进行分组，通过 GI[i] 来读取整组输入信号，通过 GO[j] 来为整组输出信号赋值。

常用的 GI/GO 指令有以下三种格式：

1）R[i]=GI[j]。

2）GO[i]=（value）。

3）GO[i]=R[i]。

（1）R[i]=GI[j] 指令　从前述内容可知，机器人的通用 I/O（DI/DO、GI/GO 等）均为逻辑信号，机器人的程序可以直接对逻辑信号进行信号处理。DI 与 GI 同属于输入信号，它们通过实际的 I/O 信号线，利用机架、插槽和开始点来指定各信号，从而建立 DI 与 GI 的关联。如图 2-5 所示，将 DI 和 GI 分配在同一个地址即可。

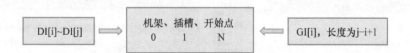

图2-5　数字输入信号DI与GI的关联

【例 2-5】　若想将 DI[1]~DI[8] 这八个信号统一作为一个 GI[1] 来进行数据读取，该如何实现？

1）打开 GI/GO 界面。具体操作步骤如下：

① 如图 2-6 所示，点击按键【MENU】，选择 "5 I/O"，打开 I/O 界面，如图 2-7 所示。

GI指令的应用

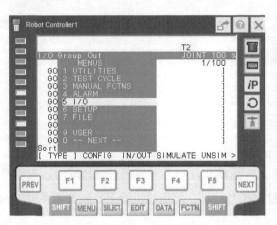

图2-6 进入I/O界面的操作

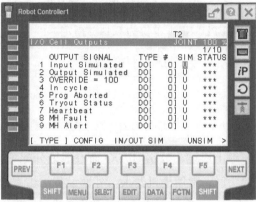

图2-7 I/O界面

② 如图 2-8 所示，点击 F1【TYPE】，选择"5 Group"，打开群组 GI/GO 界面，如图 2-9 所示。

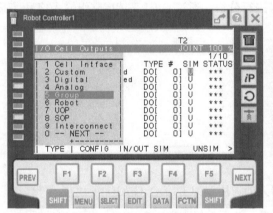

图2-8 进入GI/GO界面的操作

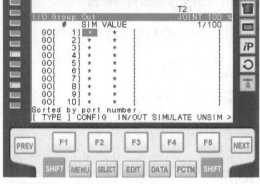

图2-9 GI/GO界面

③ 如图 2-10 所示，点击 F2【CONFIG】，可切换地址分配或一览界面，如图 2-11 所示。

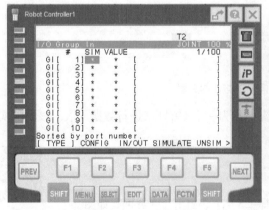

图2-10 GI一览界面

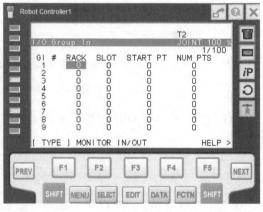

图2-11 GI分配界面

④ 如图 2-12 所示，点击 F3【IN/OUT】，可切换 GI 或 GO 分配界面，如图 2-13 所示。

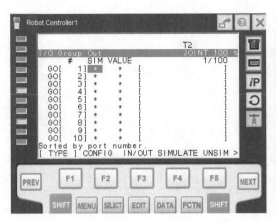

图2-12　GO一览界面

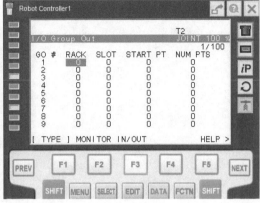

图2-13　GO分配界面

2）GI分组。将GI[1]长度设置为8，地址分配在机架0、插槽1和开始点19。

① 打开如图2-11所示的GI分配界面，在GI[1]处分配为机架（RACK）=0，插槽（SLOT）=1，开始点（START PT）=19，数据长度（NUM PTS）=8，如图2-14所示。

② 机器人I/O地址分配完毕，必须重启机器人控制器，才能使分配生效。所以，这一步重启机器人控制器。

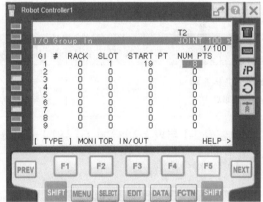

图2-14　GI信号分组与地址分配

③ GI分配完毕，GI[1]各数据位对应的地址见表2-1。例如，当GI[1]=30时，将十进制数字30化为二进制数是11110，则表中开始点为20、21、22、23的这四个数位为1，其余位为0。

表2-1　GI数据位与地址分配关系表

GI[1]数据位	第8位	第7位	第6位	第5位	第4位	第3位	第2位	第1位
地址（机架，插槽，开始点）	0, 1, 26	0, 1, 25	0, 1, 24	0, 1, 23	0, 1, 22	0, 1, 21	0, 1, 20	0, 1, 19

3）DI地址分配。将DI[1]~DI[8]地址也分配为机架0、插槽1和开始点19，使之与GI[1]关联起来。

① 如图2-15所示，点击F1【TYPE】，选择"3 Digital"，打开数字DI/DO界面，采用类似于GI/GO的操作，进入DI地址分配界面，如图2-16所示。系统默认已经将DI[1]~DI[8]分配在了机架0、插槽1和开始点19。

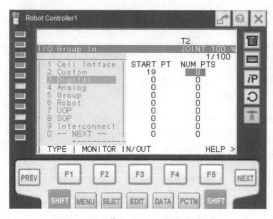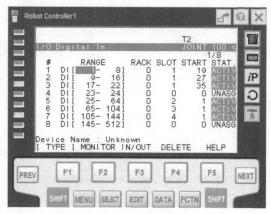

图2-15 进入DI/DO界面的操作　　　　图2-16 DI信号地址分配

② DI 地址分配完毕，对应的各个 DI[i] 的地址见表 2-2。

表 2-2 DI[i] 与地址分配关系表

DI[i]	DI[8]	DI[7]	DI[6]	DI[5]	DI[4]	DI[3]	DI[2]	DI[1]
地址（机架,插槽,开始点）	0，1，26	0，1，25	0，1，24	0，1，23	0，1，22	0，1，21	0，1，20	0，1，19

比较表 2-1 与表 2-2 可知，GI 与 DI 通过分配在同一物理地址段实现了信号关联。

4）GI 指令检测。

① 创建程序 TEST0，并编写如图 2-17 所示的代码。

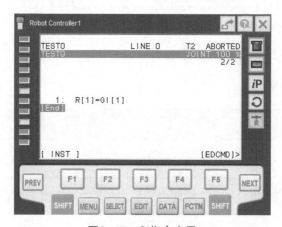

图2-17 GI指令应用

② 打开 GI 一览界面，如图 2-18 所示，按下示教器"向左/向后"箭头，将光标停留在 SIM 一栏，"U"表示不模拟仿真，"S"表示模拟仿真。按下 F4【SIMULATE】或 F5【UNSIM】，可进行功能切换。按下 F4【SIMULATE】，使 GI[1] 进入信号模拟状态，并设置 GI[1]=30，如图 2-19 所示。

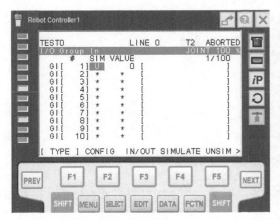

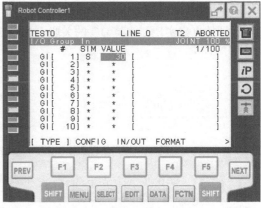

图2-18　GI模拟设置（1）　　　　　图2-19　GI模拟设置（2）

③ 运行程序，按下【SHIFT+FWD】。

④ 打开 DI 一览界面，如图 2-20 所示。可见，此时的 DI[1]~DI[8] 并没有跟着 GI[1] 改变。这是因为 DI[i] 还处于没有开启模拟仿真的状态，需要使 DI[i] 进入模拟仿真状态。操作步骤类似 GI[i] 的仿真操作。此时，可见相应的 DI[i] 发生了变化，如图 2-21 所示。

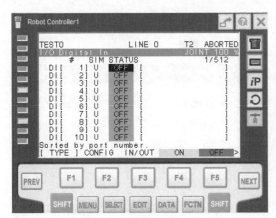

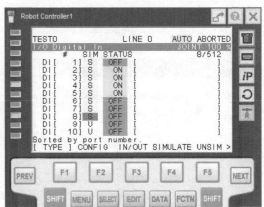

图2-20　GI模拟检测（1）　　　　　图2-21　GI模拟检测（2）

说明：当 GI[1]=30 时，将十进制数 30 转换为二进制数是 11110，则 DI[2]、DI[3]、DI[4]、DI[5] 均为 ON，其余位为 OFF，可见 GI[1] 是 DI[1]~DI[8] 组成的一个字节（DI[1] 为低位，DI[8] 为高位）。此时按下【DATA】，查看 R[1] 的值，可见 R[1]=GI[1]=30，如图 2-22 所示。

（2）GO[i]=（VALUE）指令　GO[i] 指令的

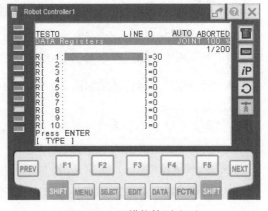

图2-22　GI模拟检测（3）

应用与 GI[i] 类似，也是通过分组成一定长度的 GO，然后与 DO 分配在同一地址段的机架、插槽号和开始点来实现 GO 与 DO 的关联，如图 2-23 所示。

图2-23　数字输出信号DO与GO的关联

【例 2-6】　若想将 DO[9]~DO[16] 这八个信号统一作为一个 GO[1] 进行数据输出，该如何实现？

GO指令的应用

参考例 2-5，关键步骤如下：

1）GO 分组，如图 2-24 所示。

2）DO 地址分配，如图 2-25 所示。

注意　GO 和 DO 地址分配完毕，必须重启机器人控制器，重启后的 GO 一览界面如图 2-26 所示。

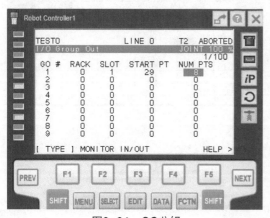

图2-24　GO分组

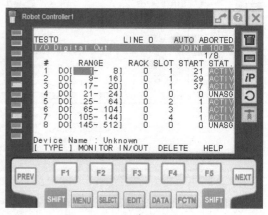

图2-25　DO地址分配

3）编写程序，调用指令 GO[1]=58，如图 2-27 所示。

4）运行程序，运行效果如图 2-28 和图 2-29 所示。

注意　输出信号不需要进行模拟仿真，直接赋值输出即可。

说明：GO[1]=58，十进制数 58 转换为二进制数是 0011 1010，所以最终 DO[10]=ON、DO[12]=ON、DO[13]=ON、DO[14]=ON，其余为 OFF。

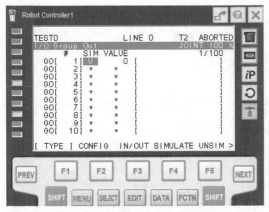

图2-26 重启后的GO一览页面

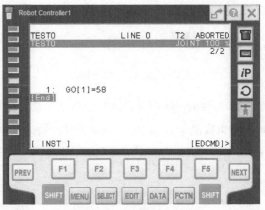

图2-27 GO指令应用

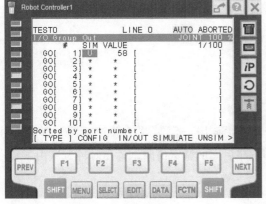

图2-28 运行效果（1）

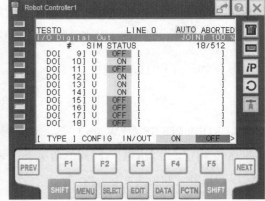

图2-29 运行效果（2）

（3）GO[i]=R[j]指令 该指令将指定寄存器的值经过二进制转换后，输出到指定的组进行信号输出。

【例2-7】 1:GO[1]=R[2]

2:GO[R[3]]=R[R[2]]

3.机器人I/O指令（RI/RO）

机器人I/O指令（RI/RO）可以直接被用户读取（RI）或由用户赋值输出（RO）。RI/RO也属于数字输入/输出控制，与DI/DO的用法类似。常用的指令有以下四种：

1）R[i]=RI[j]。

2）RO[i]=ON/OFF。

3）RO[i]= R[j]。

4）RO[i]=PULSE，（VALUE）sec。

（1）R[i]=RI[j]指令 该指令将第j个机器人输入RI[j]的状态赋值给寄存器R[i]。当输入点 RI[j] 为高电平时，R[i]= 1；当输入点 RI[j] 为低电平时，R[i]= 0。

【例 2-8】 1: R[1]=RI[1]

2: R[R[3]]=RI[R[4]]

（2）RO[i]=ON/OFF 指令　该指令用于发出或关闭指定的机器人输出信号。当 RO[i]=ON 时，输出高电平；当 RO[i]=OFF 时，输出低电平。

【例 2-9】 1:RO[1]=ON

2:RO[R[3]]=OFF

（3）RO[i]=R[j] 指令　该指令根据指定的寄存器的值，接通或断开指定的机器人输出信号。若寄存器 R[j]=0，则 RO[i]=OFF，即断开机器人输出信号；若寄存器 R[j] 为不等于 0 的其他数字，则 RO[i]=ON，即 RO[i] 对应引脚输出高电平。

【例 2-10】 1:RO[1]=R[2]

2:RO[R[4]]=R[R[2]]

（4）RO[i]=PULSE，（Width）指令　该指令用于输出一定脉宽的脉冲信号，脉宽可由"（Width）"指定。在没有指定时间的情况下，即省略后面的脉宽值时，输出脉冲宽度由系统参数 $DEEPULSE（单位为 0.1s）指定。

【例 2-11】 1:RO[1]=PULSE

2:RO[2]=PULSE，0.2 sec

3:RO[R[2]]=PULSE，1.2 sec

综上所述，机器人 RI/RO 指令与数字 DI/DO 指令应用非常相似，都属于单个数字输入 / 输出信号的控制，但数字 DI/DO 通过地址分配（机架、插槽和开始点）实现逻辑地址与物理信号线的关联。而机器人 RI/RO 的物理信号已被固定为逻辑信号，因而不能进行再定义，它常用于机器人末端执行器的输入 / 输出信号控制，可通过专用的 EE 接口与外部设备进行数据交互。

4.模拟I/O指令（AI/AO）

模拟 I/O 指令用于单通道的模拟量信号的输入 / 输出控制，它是 16 位的模拟量信号，读取或输出值范围为 0~65536。常用的模拟 AI/AO 指令格式有以下三种：

1）R[i]=AI[j]。

2）AO[i]=（VALUE）。

3）AO[i]=R[j]。

（1）R[i]=AI[j]指令　该指令用于将模拟通道的模拟量（表示温度、流量之类的标准输入模拟信号）数值读取出来，并存储在寄存器 R[i] 中。

【例2-12】　若想将模拟量接口的0~10V 电压信号 AI[1] 读取到寄存器 R[1] 中,该如何实现?

具体操作步骤如下：

1）点击按键【MENU】，选择 "5 I/O"，打开 I/O 页面。

2）如图 2-30 所示，按下 F1【TYPE】，选择 "4 Analog"，模拟 AI 一览界面如图 2-31 所示。

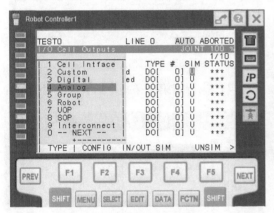

图2-30　进入AI/AO界面操作

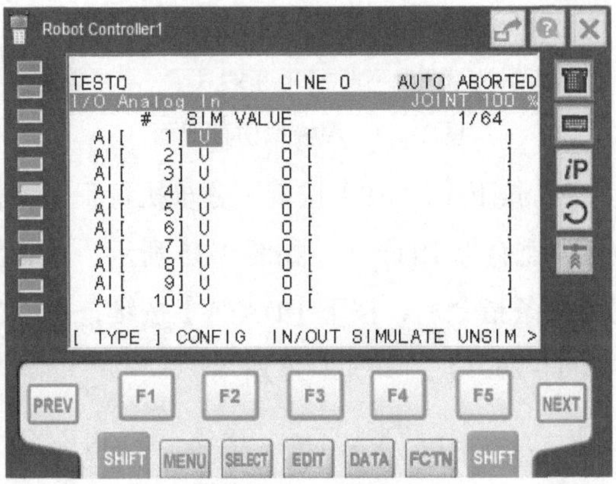

图2-31　AI一览界面

3）点击 F3【IN/OUT】，可切换 AI 或 AO 界面；点击 F2【CONFIG/MONITOR】，可切换一览界面或地址分配界面。

4）打开 AI 地址分配界面，并将模拟量接口 0 ~ 10V 电压信号 AI[1] 分配在机架 0、插槽 1 和通道 1，如图 2-32 所示。

5）编写 TP 程序，读取模拟量数值，如图 2-33 所示。

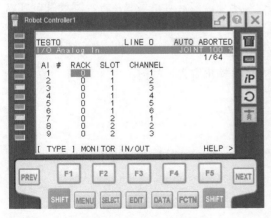
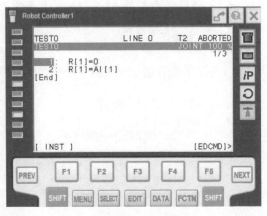

图2-32　AI地址分配界面

图2-33　AI指令

6）模拟仿真 AI 输入数据，如图 2-34 所示。若输入电压为 4V，则对应的数字应为 $4/10 \times 65536 \approx 26214$。

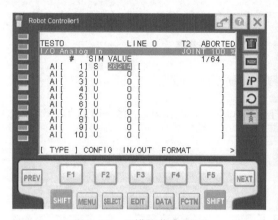

图2-34 AI模拟仿真界面

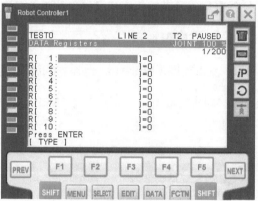

图2-35 R[1]初始值

7）按下【STEP】按键，分步执行程序，检测结果。执行完第一条指令后，按下【DATA】按键，寄存器 R[1]=0 ，如图 2-35 所示。执行完第二条指令后，按下【DATA】按键，寄存器 R[1]=26214 ，如图 2-36 所示。

（2）AO[i]=（VALUE）指令 该指令用于将 0 ~ 65536 的数字赋值给模拟通道的模拟量（表示温度、流量之类的标准输入模拟信号）。

【例 2-13】 1:AO[1]=0

2:AO[R[3]]=1800

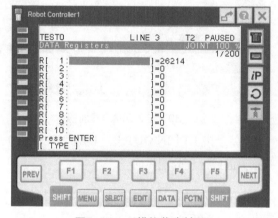

图2-36 AI模拟仿真结果

注意 AO 的应用与 AI 类似，也是必须先分配地址，然后再编写程序，观察效果时可以省略模拟仿真，直接输出即可。

（3）AO[i]=R[j] 指令 该指令用于向输出模拟信号输出寄存器的值。

【例 2-14】 1:AO[1]=R[3]

2:AO[R[3]]=R[R[1]]

2.2　FANUC工业机器人与外围设备的I/O数据交互

2.2.1　CRMA15/CRMA16 I/O板与外设数据交互项目实施

1.功能要求

可在 FANUC 工业机器人的通用数字输入输出 CRMA15 和 CRMA16 的接口板外接一些按钮开关和指示灯，进行 I/O 点的测试。

1）DI 测试：按下按钮，对应 DI[i]=ON，松开按钮，对应 DI[i]=OFF。

2）DO 测试：TP 程序输出 DO[i]=ON，用万用表测试对应端口，电压值为接近 +24V 的高电平；TP 程序输出 DO[i]=OFF，用万用表测试对应端口，电压值为接近 0V 的低电平。

3）编写机器人程序，使之实现按下按钮，指示灯亮；松开按钮，指示灯灭。

2.相关知识

CRMA15 和 CRMA16 接口均集成在机器人控制柜主板中，用两根 50 个端点的本多（HONDA）I/O 插头连接器引出，如图 2-37 所示。

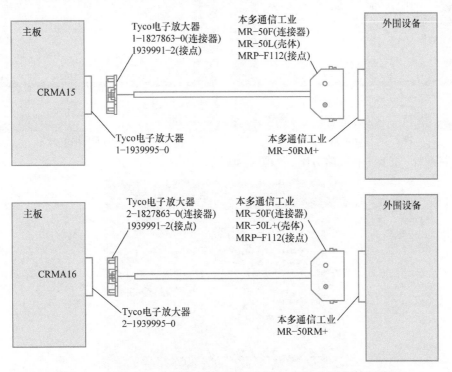

图2-37　FANUC工业机器人CRMA15/CRMA16与外设连接示意图

不同型号 FANUC 工业机器人的控制器具有不同的 CRMA15/CRMA16 的输入／输出数量，接口含义也略有不同，可以参阅相关手册。下面以 FANUC-R-30iB-Mate 为例介绍机器人与外设进行 DI/DO 数据交互的相关内容。

CRMA15 16
接口含义

【例 2-15】 如何建立 FANUC 工业机器人 CRMA15/CRMA16 I/O 板物理信号线与机器人 DI/DO 逻辑指令之间的关联？

FANUC-R-30iB-Mate 控制器共有 28 点数字输入信号（DI）和 24 点数字输出信号（DO），对应的物理地址如下：

1）输入：机架 48、插槽 1、开始点 1～28。

2）输出：机架 48、插槽 1、开始点 1～24。

实现物理地址与逻辑地址关联的关键步骤如下：

1）将数字输入信号 DI[101]～DI[128] 地址分配为机架 48、插槽 1 和开始点 1，如图 2-38 所示。

2）将数字输出信号 DO[101]～DO[124] 地址分配为机架 48、插槽 1 和开始点 1，如图 2-39 所示。

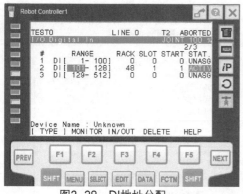

图2-38　DI地址分配

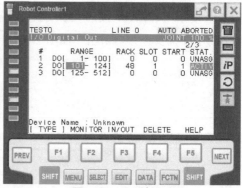

图2-39　DO地址分配

3）将系统／配置进行简略分配，如图 2-40 所示。

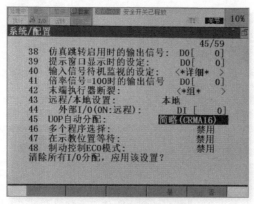

图2-40　UOP简略分配

此时的 CRMA15/CRMA16 接口含义如图 2-41 和图 2-42 所示。

在 CRMA15 板上，有 20 路输入信号线：IN1~IN20，物理地址为 1 号点（记作 1#）~ 16 号点（16#）、22# ~ 25#，逻辑地址为 DI[101] ~ DI[120]；同时还有 8 路输出信号线：OUT1~ OUT8，物理地址为 33 号点（记作 33#）~ 40 号点（40#），逻辑地址为 DO[101] ~ DO[108]。

图2-41　CRMA15接口含义

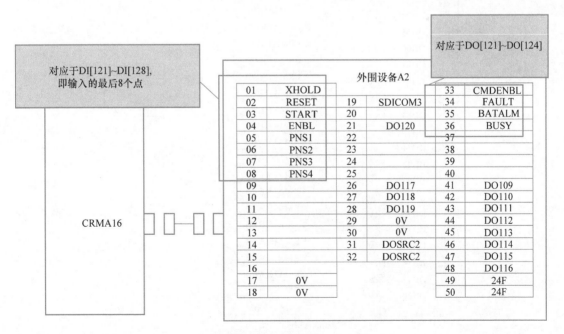

图2-42　CRMA16接口含义

在 CRMA16 板上，有 8 路输入信号线：IN21~IN28，物理地址为 1# ~ 8#，逻辑地址为

DI[121]～DI[128]，系统简略分配默认将其分配成机器人 PNS 自动运行时所需要用到的系统参数 XHOLD、RESET 等（可以重新自定义，可参考本书第 3 章内容）;同时还有 16 路输出信号线：OUT9～OUT24，物理地址为 41#～48#、26#～28#、21#、33#～36#，逻辑地址为 DO[109]～DO[124]，其中，DO[121]～DO[124] 被默认分配成系统参数 CMDENBL、FAULT 等。

3.设备连接

（1）输入信号 DI　CRMA15 接口输入信号与外部设备接线如图 2-43 所示。SDICOM1 和 SIDCOM2 均接地，其中，DI[101]～DI[108] 的公共端是 SDICOM1，DI[109]～DI[120] 的公共端是 SDICOM2。外围设备的电源 +24V 可以直接从 CRMA15 板的 49# 或 50# 引出。

CRMA15 16 DIDO的应用

CMRA16 接口输入信号与外部设备接线如图 2-44 所示。SDICOM3 接地，它是 DI[121]~DI[128] 输入信号的公共端。

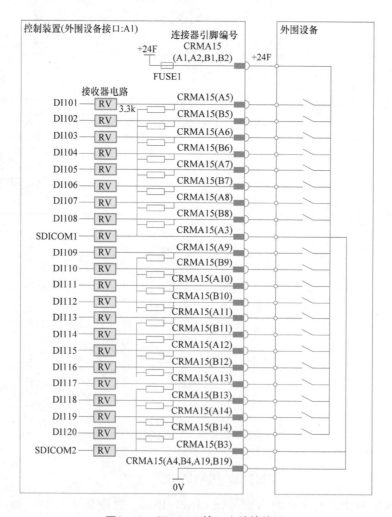

图2-43　CRMA15输入电路接线图

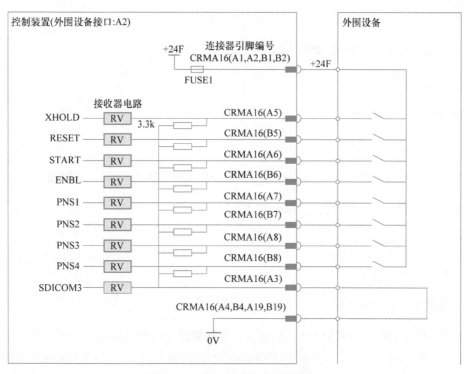

图2-44　CRMA16输入电路接线图

单点的连接应用如图 2-45 所示。当外部输入开关未按下时，接收器电路 RV 为低电平，DI[i]=OFF ；当外部输入开关按下时，+24V 电源拉高接收器电路 RV 的电平，使 DI[i]=ON。

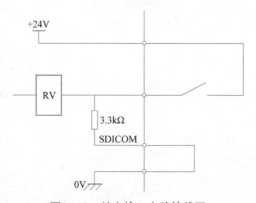

图2-45　单点输入电路接线图

> **注意**　SDICOM 必须外接 0V 电（可以直接接内部的 17#/18#），否则松开按钮或断开开关后，输入端处于高阻态，不会及时刷新，导致出错。

1）DI 电气规格。

① 类型：接地型电压接收机。

② 额定输入电压：触点"关"，+20 ～ +28V；触点"开"，0 ～ +4V。

③ 最大输入外加电压：DC+28V。

④ 输入阻抗：约 3.3kΩ。

⑤ 响应时间：5 ～ 20ms。

2）外围设备侧触点规格。

① 额定触点容量：DC+30V、50mA 以上（最小负荷应使用 5mA 以下的触点）。

② 输入信号宽：ON/OFF 均在 200ms 以上。

③ 振动时间：5ms 以下。

④ 闭电路电阻：100Ω 以下。

⑤ 开电路电阻：100kΩ 以上。

（2）输出信号 DO　CRMA15 接口输出信号与外部设备接线如图 2-46 所示。DOSRC1 是输出的电源端，必须接 +24V：可以接外围设备的 +24V，也可以直接接 CRMA15 板上的 49# 或 50# 点。

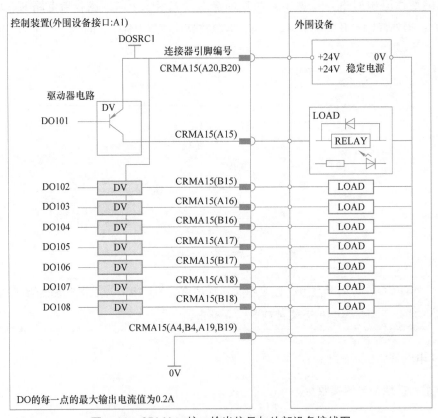

图2-46　CRMA15接口输出信号与外部设备接线图

CRMA16 接口输出信号与外围设备接线如图 2-47 所示。DOSRC2 是输出的电源端，必须接 +24V：可以接外围设备的 +24V，也可以直接接 CRMA16 板上的 49# 或 50# 点。

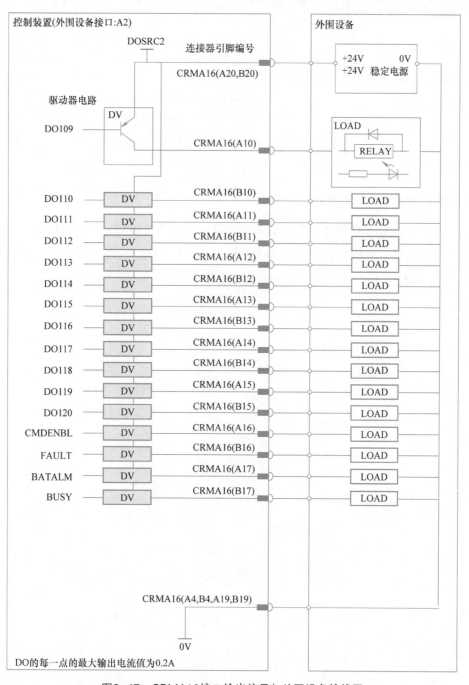

图2-47 CRMA16接口输出信号与外围设备接线图

单点输出连接如图 2-48 所示。外部 +24V 电接入 DOSRC1 或 DOSRC2，当 DO[i]=OFF 时，晶体管 DV 截止，外部 KA 线圈不得电，发光二极管不亮；当 DO[i]=ON 时，晶体管 DV 导通，外部 KA 线圈得电，发光二极管点亮。火花抑制器二极管起续流作用。

> **注意** DOSRC1/DOSRC2 必须外接 +24V 电，否则不会输出。

DO 电气规格如下：

① 驱动器 ON 时的最大负载电流：200mA（包含瞬时）。

② 驱动器 ON 时的饱和电压：1.0V。

③ 耐压：24V ± 20%（包括瞬时）。

④ 驱动器 OFF 时的流出漏电流：100μA。

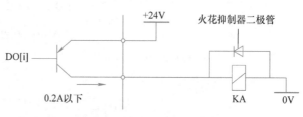

图2-48　单点输出连接

CRMA15 IO板
数据交互的硬件
接线

（3）DI/DO 设备接线　本实例只需一路输入按钮和一路输出指示灯即可。DI/DO 测试连接线路图如图 2-49 所示。DI[101]（1#）外接按钮用于测试输入信号，DO[107]（39#）外接指示灯用于测试输出信号。

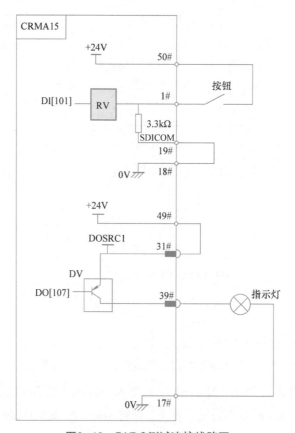

图2-49　DI/DO测试连接线路图

4.系统配置

本实例需要进行的系统配置主要是输入/输出信号的地址分配。

（1）DI地址分配简介　CRMA15/CRMA16的输入点（DI）为20＋8＝28点，分配物理地址时，可分配地址为

机架：48　　　　槽号：1　　　　开始点：1～28

例如：分配DI[101]～[108]为48，1，1

对应的输入端是DI[101]在CRMA15板的01点（记为1#），DI[102]在CRMA15板的2#，以此类推，DI[108]在CRMA15板的8#。

例如：分配DI[121]～DI[122]为48，1，5

对应的输入端是DI[121]在CRMA16板的5#，DI[122]在CRMA16板的6#。

如果分配DI[121]～DI[128]为48，1，25，则系统会提示出错。这是因为DI最多28个点，从25号开始点进行分配，DI[121]在25#，DI[122]在26#，DI[123]在27#，DI[124]在28#，那么DI[125]对应的输入点就不存在了。可见DI[125]～DI[128]都无法分配地址，自然就出错了。

（2）DO地址分配简介　CRMA15/CRMA16的输出点（DO）为8+16=24点，分配物理地址时，可分配地址为

机架：48　　　　槽号：1　　　　开始点：1～24

例如：分配DO[101]～DO[108]为48，1，1

对应的输入端是DO[101]在CRMA15板的33#，DO[102]在CRMA15板的34#，以此类推，DI[108]在CRMA15板的40#。

例如：分配DO[121]～DO[122]为48，1，16

对应的输入端是DO[121]在CRMA16板的48#，DI[122]在CRMA16板的26#。

如果分配DO[121]～DO[128]为48，1，21，则系统会提示出错。这是因为DO开始点最多24个点，但DO[121]～DO[124]在33#～36#，可见DO125～DO128都无法分配地址。

（3）DI/DO地址分配　本实例将输入信号DI[101]～DI[120]分配为机架48，槽号1和开始点1，如图2-50所示；将输出信号DO[101]～DO[120]分配为机架48、槽号1和开始点1，如图2-51所示。

分配完毕后，重启机器人控制器。

— 43 —

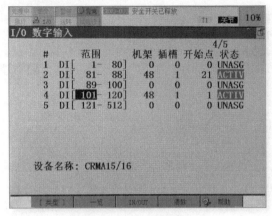

图2-50　DI地址分配

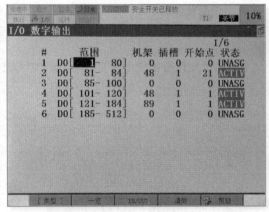

图2-51　DO地址分配

此时，机器人的DI[101]在CRMA15板的1#，DI[102]在2#，以此类推，DI[120]在25#；机器人的DO[101]在CRMA15板的33#，DO[102]在34#，以此类推，DO[120]在CRMA16板的21#。

5.程序设计

本实例程序非常简单，不停地扫描输入口DI[101]，使输出DO[107]=DI[101]即可。程序如图2-52所示。

6.调试与运行

（1）DI测试　打开DI一览页面，按下按钮，可见此时的DI[101]=ON，如图2-53所示。松开按钮，DI[101]恢复成OFF。

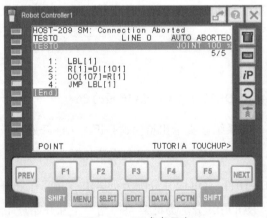

图2-52　TP参考程序

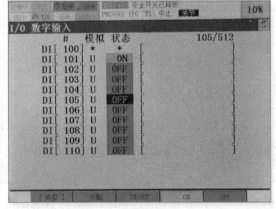

图2-53　DI测试结果

（2）DO测试　打开DO一览界面，设置DO[107]=ON，如图2-54所示。用万用表测量CRMA15板的39#点的电压，为高电平；当DO[101]设为OFF时，用万用表测量CRMA15板的39#点的电压，则为低电平。

（3）功能测试　按下按钮，指示灯点亮；松开按钮，指示灯熄灭。

2.2.2　机器人RI/RO的EE接口与外设数据交互项目实施

1.功能要求

在 FANUC 工业机器人的机器人数字输入 / 输出 EE 接口外接末端执行器动作控制的电磁阀和气压检测传感器，进行末端夹具的夹紧和松开控制。当气泵气压不足时，指示灯闪烁报警。

1）RO 测试：输出 RO[7]=ON，电磁阀得电，夹具夹紧；RO[7]=OFF，电磁阀失电，夹具松开。

2）RI 测试：当气泵没开时运行程序，报警灯点亮。

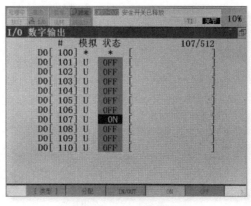

图2-54　DO测试结果

2.设备连接

机器人 RI/RO 与 DI/DO 的应用非常相似，都属于单个数字输入 / 输出信号的控制；但机器人 RI/RO 的物理信号已被固定为逻辑信号，因而不能进行再定义。它常用于机器人末端执行器的输入 / 输出信号控制，可通过专用的 EE 接口与外部设备进行数据交互。

EE接口介绍

不同的机器人控制器型号的 EE 接口略有不同，可以参考相关机器人控制器手册。EE 接口一般位于机器人 J3 轴侧面的位置，如图 2-55a 所示。图 2-55b 所示为 LR Mate 200iD 的 EE 接口信号，它有 6 路输入信号 RI[1]~RI[6]，2 路输出信号 RO[7] 和 RO[8]，两组 +24V 直流电源。

a) 末端执行器接口位置

8	9	1
RO8	24VF	RI1

7	12	10	2
RO7	0V	24VF	RI2

6	11	3
RI6	0V	RI3

5	4
RI5	RI4

b) EE接口信号

图2-55　EE接口

（1）输入电路　机器人输入 RI 接口与外设连接线路如图 2-56 所示。

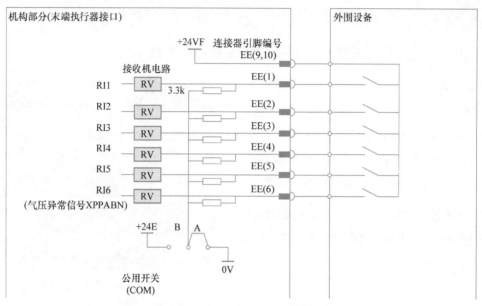

图2-56　机器人输入RI接口与外设连接线路图

当公用开关 COM 打在 A 端，即公共端接 0V 时，外部设备供电可直接接 EE 接口的引脚 9 或 10，外部信号为高电平有效，即没按下开关时，RI[i]=0；按下开关后，RI[i]=1。

同理，当 COM 打在 B 端，即公共端接 +24V 时，外部设备公共端接 EE 接口的引脚 11 或 12（0V），外部信号为低电平有效，即没按下开关时，RI[i]=1；按下开关后，RI[i]=0。等效电路图如图 2-57 所示。

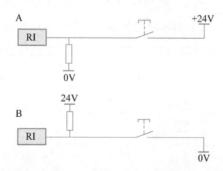

图2-57　机器人单路输入信号RI接线等效电路图

> **注意**　公用开关 COM 在伺服放大器驱动板上，具体位置如图 2-58 所示。

（2）输出电路　机器人输出 RO 接口与外设连接线路如图 2-59 所示。EE 接口 RO 的每一点的最大输出电流为 200mA，当 RO[i]=OFF 时，晶体管 DV 截止，外部 KA 线圈不得电，发光二极管不亮；当 RO[i]=ON 时，晶体管 DV 导通，外部 KA 线圈得电，发光二极管点亮。火花抑制器二极管起续流保护作用。

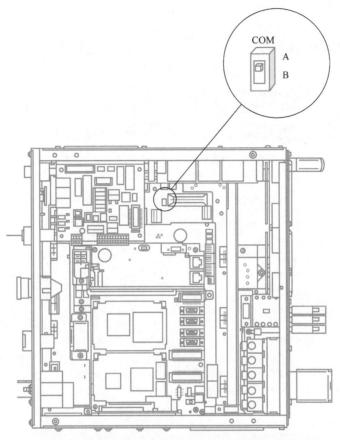

图2-58 机器人RI/RO公用开关COM端位置示意图

注意 外部设备的公共端可接 EE 接口的 11 或 12 脚（0V）。

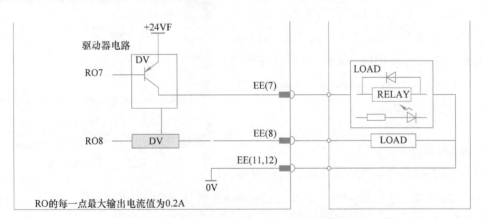

图2-59 机器人输出RO接口与外设连接线路图

（3）RI/RO 接线图 本实例需要用到一路输入和两路输出信号，接线图如图 2-60 所示。RI[6] 用作气压异常信号的输入；RO[7] 连接电磁阀，用于控制末端执行器的夹紧 / 松开；RO[8] 连接指示灯，用于气压异常情况的报警。

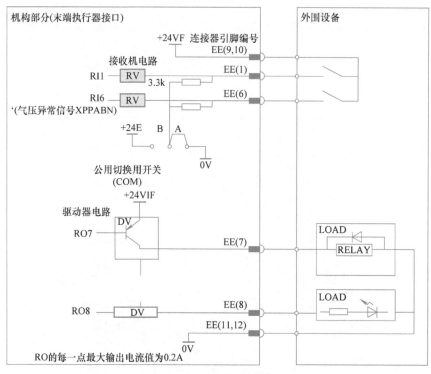

图2-60　RI/RO接线图

3. 系统配置与程序设计

本实例程序功能可分为电磁阀控制和气压状态检测与报警两个部分。气压检测信号RI[6]=ON 时，说明气压不足，需要点亮报警灯RO[8]=ON，提醒用户开启气泵；当气压上升至额定输出时，输入信号 RI[6]=OFF，此时，需要复位 RO[8]=OFF，并赋值 RO[7]=ON，使夹具夹紧。参考程序如图 2-61 所示。

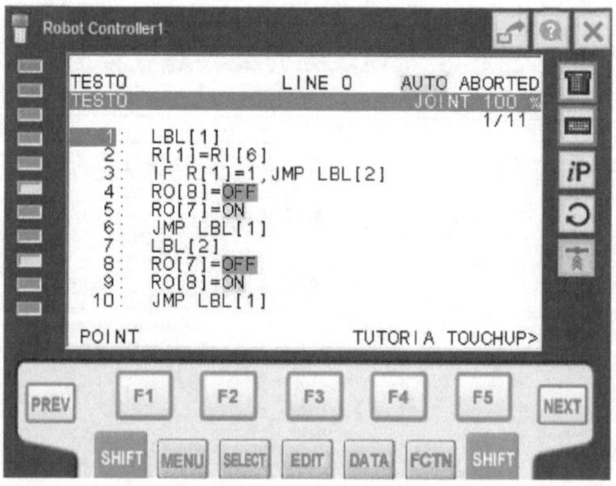

4. 调试与运行

1）如图 2-62 所示，气压不足时，运行程序。

打开 RI 一览界面，可见 RI[6]=ON，此时相应的 RO 信号为 RO[8]=ON，指示灯点亮，提醒用户打开气泵；RO[7]=OFF，夹具松开。

2）如图 2-63 所示，气泵打开时，运行程序。打开 RI 一览界面，可见 RI[6]=OFF，此时相应的 RO 信号为 RO[8]=OFF，指示灯熄灭；RO[7]=ON，夹具夹紧。

图2-61　TP参考程序

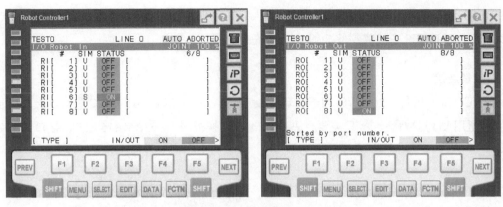

图2-62 RI/RO测试结果（1）

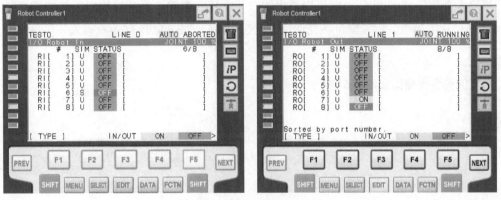

图2-63 RI/RO测试结果（2）

2.3 FANUC工业机器人与PLC的数据交互

2.3.1 基于I/O接口的机器人与PLC数据交互项目实施

1. 功能要求

FANUC 工业机器人通过 I/O 端子台转换板 CRMA15、CRMA16 与 PLC 进行连接。数据交互要求如下：

1）将 PLC 的输出与机器人的输入进行数据交互：Q0.0——DI[101]。

2）将机器人的输出与 PLC 的输入进行数据交互：DO[101]——I1.0。

3）编写 PLC 和机器人程序，实现如下功能：若 PLC 发出命令 A（Q0.0），机器人前往甲地（P[2] 点），停留 2s 后，发出完成命令 B（DO[101]），PLC 接收到此 B 命令，点亮第一盏灯 L1；若 PLC 发出命令 C（Q0.1），机器人前往乙地（P[3] 点），停留 2s 后，发出完成命令 D（DO[102]），PLC 接收到此 D 命令，点亮第二盏灯 L2。

2. 设备连接

FANUC 工业机器人通过 I/O 端子台转换板 CRMA15、CRMA16 与 PLC 进行连接，由于功能简单，所用 I/O 点数量较少，只需要一块 CRMA15 转换板即可。CRMA15 板 I/O 接口如图 2-41 所示。

> **注意** 输入信号的 SIDCOM1 口需接 0V，输出信号的 DOSRC1/DOSRC2 需接 +24V。

机器人系统集成的 PLC 一般选用通用的、功能较强大的、可扩展性强的品牌和型号。本实例的 PLC 功能简单，但考虑可扩充性，这里选用西门子 S7-1200 作为机器人系统集成的主控 PLC。

本实例设备连接图如图 2-64 所示。

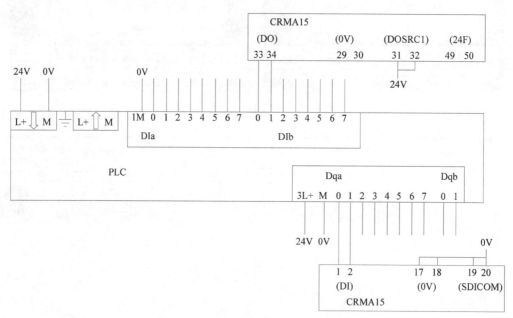

图2-64　PLC与CRMA15 I/O连接图

3. 系统配置

本实例需要用到的系统配置主要是 DI 和 DO 的地址分配。根据图 2-64 中的 I/O 关系，将数字输入信号 DI[101]～DI[108] 分配在机架 48、插槽 1 和开始点 1，将输出信号 DO[101]～DO[108] 分配在机架 48、插槽 1 和开始点 1。

为使分配生效，重启机器人控制器。重启后，PLC 与机器人对应 I/O 关系见表 2-3。

表2-3　PLC 与 CRMA15 I/O 关系表

设备	机器人				PLC	
	逻辑地址	物理地址 CRMA15	功能说明		地址	功能说明
输入信号	DI[101]	48，1，1	接收命令 A：前往甲地	←	Q 0.0	发出命令 A
	DI[102]	48，1，2	接收命令 C：前往乙地	←	Q 0.1	发出命令 C
输出信号	DO[101]	48，1，33	发出命令 B	→	I 1.0	接收命令 B
	DO[102]	48，1，34	发出命令 D	→	I 1.1	接收命令 D
					Q 0.2	L1 灯
					Q 0.3	L2 灯

4. 程序设计

（1）设计流程图　本实例的程序设计包括机器人程序设计和 PLC 程序设计，总体设计流程图如图 2-65 所示。

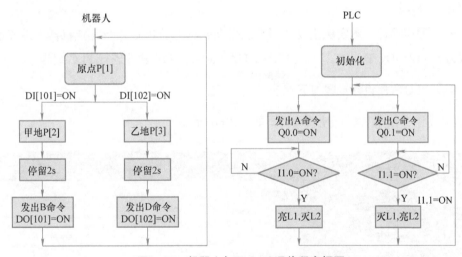

图2-65　机器人与PLC I/O通信程序框图

（2）机器人程序

1）机器人 TP 参考程序 TEST0 如下：

1：LBL[1]

2：J　P[1] 100%　FINE

3：IF DI[101]=ON AND DI[102]=OFF　CALL　PROG1

4：IF DI[102]=ON AND DI[101]=OFF　CALL　PROG2

5：JMP LBL[1]

END

2）子程序 PROG1 参考程序如下：

1：J　P[2] 100%　FINE

2：WAIT　2　sec

3：DO[101]=ON

END

3）子程序 PROG2 参考程序如下：

1：J　P[3] 100%　FINE

2：WAIT　2　sec

3：DO[102]=ON

END

（3）PLC 程序设计　本实例主要选用功能强大的西门子 PLC 进行工业机器人系统集成控制，选型为 S7-1215DC/DC/DC，采用博图（TIA Portal）V14 软件进行 PLC 编程。

本实例的 PLC 程序设计步骤如下：

1）打开博图 V14 软件，创建新项目，如图 2-66 所示。

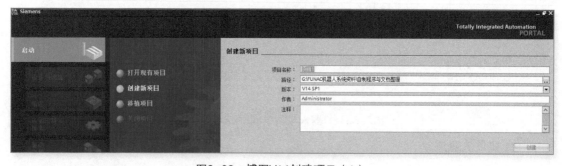

图2-66　博图V14创建项目（1）

2）单击左下角"项目视图"，如图 2-67 所示。

3）双击左边项目树中的"添加新设备"，弹出对话框，如图 2-68 所示。

4）选择 PLC 型号为 SIMATIC S7-1200，CPU 型号根据硬件设备选择，如图 2-69 所示。

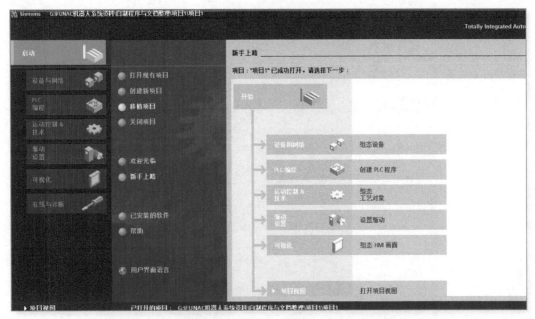

图2-67 博图V14创建项目（2）

图2-68 博图V14创建项目（3）

5）单击"确定"按钮后，进入如图2-70所示的硬件设备窗口。

6）打开左边项目树中的"程序块"，双击"Main[OB1]"块，进入程序编辑页面，如图2-71所示。

图2-69　博图V14创建项目（4）

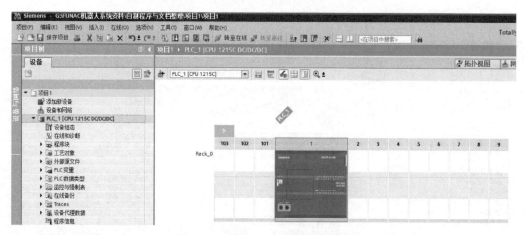

图2-70　博图V14创建项目（5）

图2-71　博图V14创建项目（6）

7）单击右侧的"指令"，调出指令选项，插入 PLC 指令，编写梯形图程序。具体的 PLC 指令含义请读者参考相关书籍。参考程序如图 2-72 所示。

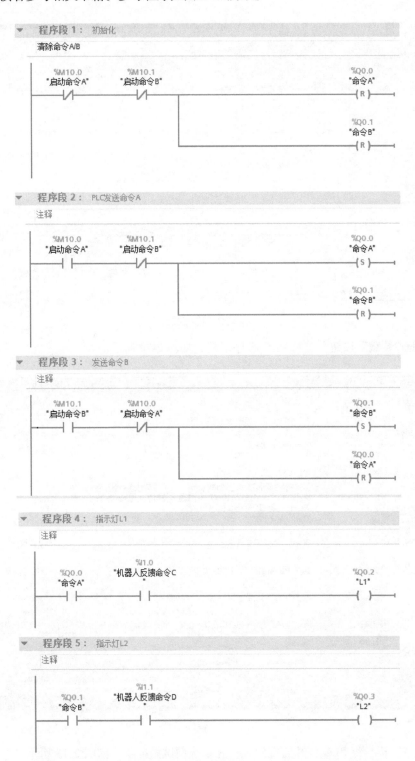

图2-72 基于I/O接口的PLC与机器人数据交互项目的PLC参考程序

8）单击"编译"按钮，进行 PLC 程序编译检查。无错误，显示 0 错误，0 警告，如图 2-73 所示。

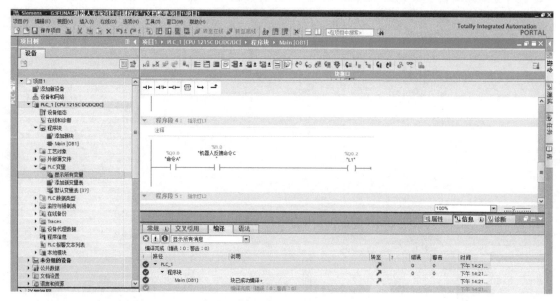

图2-73　程序编译

9）单击"装载"按钮，进行 PLC 程序下载，如图 2-74 所示。

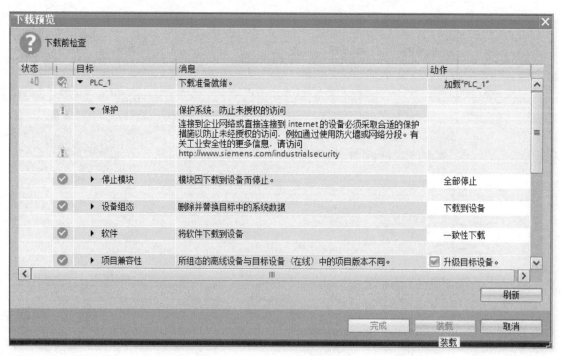

图2-74　程序下载

10）下载完毕，将 PLC 打开监视模式，为系统调试做准备，如图 2-75 所示。

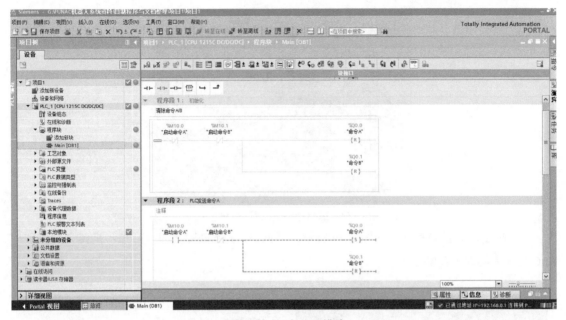

图2-75 程序监视模式

5. 调试与运行

（1）PLC 输出与机器人输入之间的数据交互：Q0.0——DI[101]。

1）右键单击 PLC 程序段 2 的 M10.0，强制设置为 ON，如图 2-76 所示。

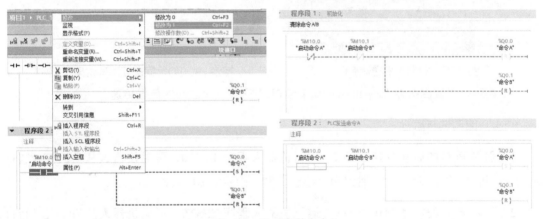

图2-76 PLC发送命令A

2）打开机器人示教器，查看 DI[101]，如图 2-77 所示，可见 DI[101]=ON。可知：PLC 的输出与机器人的输入实现了数据传递。

3）同理，可监测 PLC 输出 Q0.1 与机器人输入 DI[102] 之间的数据传递。

（2）机器人输出与 PLC 输入之间的数据交互：DO[101]——I1.0。

1）打开机器人示教器，查看 DO[101]，强制设置为 ON，如图 2-78 所示。

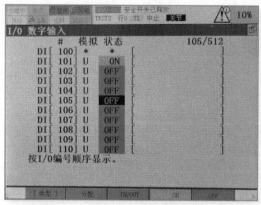

图2-77　I/O数据交互测试结果（1）

2）查看 PLC 监视程序，如图 2-79 所示，可见 I1.0 已经变成 ON。可知：机器人的输出与 PLC 的输入实现了数据传递。

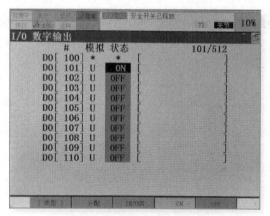

图2-78　机器人发送命令C　　　　　　图2-79　I/O数据交互测试结果（2）

3）同理，可监测机器人输出 DO[102] 与 PLC 输入 I1.1 之间的数据传递。

（3）功能调试与运行

1）强制 PLC 的启动 M10.0=ON，运行机器人程序 TEST0，可见机器人从 HOME（P[1]）点行走到 P[2]，停留 2s 后，又回到 P[1] 点。同时，指示灯 L1 点亮。

2）强制 PLC 的启动 M10.1=ON，运行机器人程序 TEST0，可见机器人从 HOME（P[1]）点行走到 P[3]，停留 2s 后，又回到 P[1] 点。同时，指示灯 L2 点亮。

2.3.2　基于网络接口的机器人与PLC数据交互项目实施

1. 功能要求

FANUC 工业机器人通过网络接口与 PLC 进行连接。数据交互要求如下：

1）单个数据位的交互：PLC 置位 / 复位机器人某一个输入点 DI[i]，机器人置位 / 复位 PLC 的某一个数据位。

2）多个数据位的交互：PLC 置位 / 复位机器人的多个输入点 DI[121]~DI[128]，PLC 读取机器人多个数据位 DO[121]~DO[128]。

3）整段数据（最多 64 位）的交互：PLC 发送整段数据块 DBx 的值给机器人；机器人计算所有数据的和，然后将"数据和"发送给 PLC；PLC 计算 DBx 的和，并与接收到的"数据和"比较，若相等，则点亮指示灯，若不相等，则指示灯闪烁。

2. 相关知识

（1）FANUC 工业机器人的以太网接口　FANUC 工业机器人控制器中一般都提供以太网接口，如小型工业机器人 R-30iB Mate 上提供 100BASE-TX 接口，连接到以太网中继电缆上时，使用网络集线器 HUB/ 交换机 / 路由器即可。

机器人的以太网用连接器位于控制装置背面和内部（主板上）。图 2-80 所示为内部主板 CD38A 上 Ethernet 100Base-TX A 所在位置的示意图。

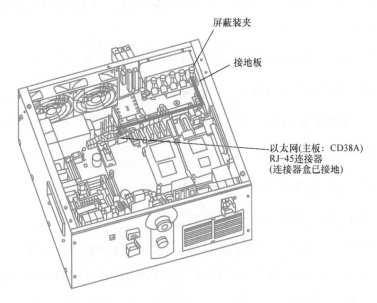

图2-80　FANUC控制器以太网接口位置示意图

100BASE-TX 连接器引脚的含义见表 2-4。

表 2-4　100BASE-TX 连接器 CD38A/CD38B 信号表

引脚编号	信号	含义	引脚编号	信号	含义
1	TX+	发送 +	5		未使用
2	TX–	发送 –	6	RX–	接收 –
3	RX+	接收 +	7		未使用
4		未使用	8		未使用

R-30iB Mate 的 100BASE-TX 接口与 HUB/ 交换机之间直接用网线连接即可，如图 2-81 所示。

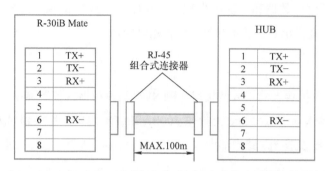

图2-81　机器人100BASE-TX 接口与 HUB/交换机之间的连接示意图

（2）网关 NT50-RS-EN 简介　德国赫优讯 NT50 系列网关能有效实现 Modbus RTU 与 EtherNet/IP 的转换。通过下载不同协议堆栈，NT50-RS-EN 可以实现不同的网络协议转换，具体如下：

网关配置

1）ASCII 转 EtherNet/IP 主 / 从站。

2）ASCII 转 PROFINET IO 主 / 从站。

3）ASCII 转 Modbus/TCP 主 / 从站。

4）Modbus RTU 主 / 从站转 EtherNet/IP 主 / 从站。

5）Modbus RTU 主 / 从站转 PROFINET IO 主 / 从站。

6）Modbus RTU 主 / 从站转 Modbus/TCP 主 / 从站。

FANUC 工业机器人网络协议采用的是 EtherNet/IP，而西门子 PLC 的与外部设备最常用的串行通信协议是 Modbus RTU，这里的网关 NT50-RS-EN 用于 Modbus RTU 主 / 从站转 EtherNet/IP 主 / 从站。

NT50-RS-EN 网关的典型应用如图 2-82 所示。

（3）软件安装　安装软件 Gateway Solutions，选择 Install Configuration and Diagnostic Software 进行安装，如图 2-83 所示。

按照默认选项安装好软件后，会自动生成两个可执行文件 Ethernet Device Setup 和 SYCON.net。Ethernet Device Setup 用于设置网关 IP 地址与站名，SYCON.net 用于网关参数配置与诊断。

（4）网关参数配置　网关默认的 IP 地址为 0.0.0.0。如果以前已经配置过，重新配置时，需要清零，即将原来的 IP 置为 0.0.0.0，然后通过 Ethernet Device Setup 可执行文件手动设置一个 IP 地址，再用 SYCON.net 配置网关参数。

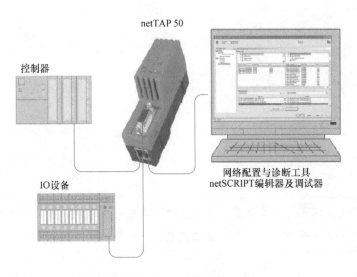

图2-82　网关NT50-RS-EN的典型应用

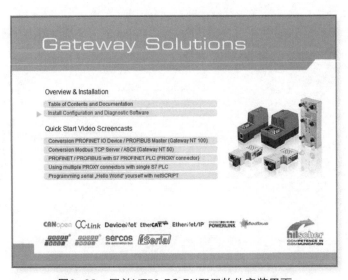

图2-83　网关NT50-RS-EN配置软件安装界面

1）配置网关前，将网线直接插入网关下端的网口中，尽量不要通过交换机配置，这是因为软件配置时很可能会找不到网关。网关配置成功后，再将网线插到交换机中即可。

2）打开 Ethernet Device Setup 可执行文件，如图 2-84 所示。单击搜索按钮 Search Devices，显示已经找到的网关 netTAP 50-RS-EN，如图 2-85 所示。

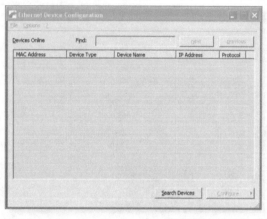

图2-84　Ethernet Device Setup可执行文件操作界面

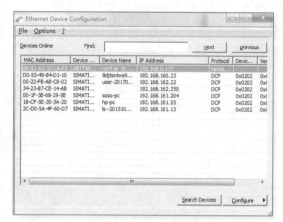

图2-85　网关查找界面

> **注意**　如果找不到网关，需要重复多次搜索，或者更换网线，重启计算机后，修改计算机IP地址使其与网关处于同一网段，再重新搜索，直到找到为止。

3）打开SYCON.net可执行文件，如图2-86所示，进行IP地址清零操作。

图2-86　SYCON.net可执行文件操作界面（1）

①　单击右边菜单EtherNet/IP下的Gateway6/Stand-Alone Slave，按住鼠标左键，将NT 50-XX-XX拖放到界面中间区域，如图2-87所示。

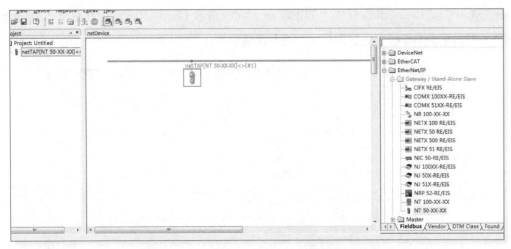

图2-87 SYCON.net可执行文件操作界面（2）

② 双击网关图标，进入如图 2-88 所示的网关配置界面，勾选相关选项后，再单击 OK 按钮。

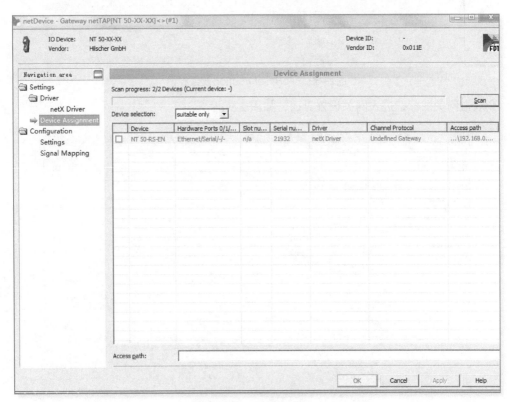

图2-88 网关配置界面

注意 如果没有选项，说明配置计算机和网关没有连接成功，应检查硬件连接或设置 TCP Connection。

③ TCP Connection 设置。如果第②步正确，可省略此步。双击网关图标，选择 netX

Driver，选中 TCP Connection 标签，如图 2-89 所示。修改 Use IP Range 为在机器人 IP 地址同一网段，然后单击 OK 按钮后重新扫描，查看连接结果。

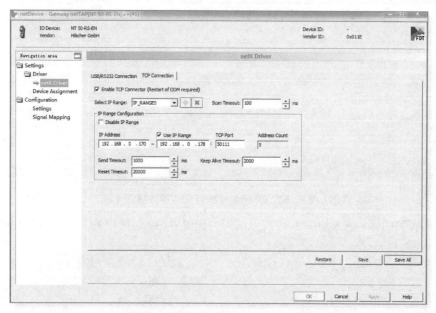

图2-89　TCP Connection设置界面

④ 双击网关图标，进入网关设置界面，如图 2-90 所示。

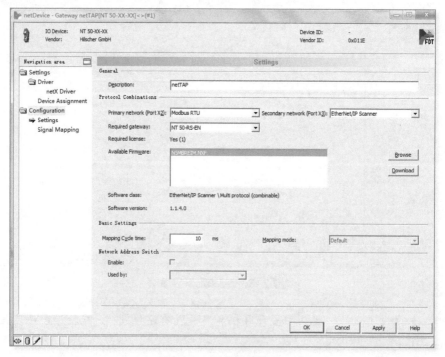

图2-90　网关配置设置

a. 初始网络（Port X2）选择 Modbus RTU。

b. 转换网络（Port X3）选择 EtherNet/IP Scanner。

c. 所需网关选择 NT 50-RS-EN。

d. 单击 Available Firmware 下的 N5MBREIM.NXF。

e. 单击 Download。

系统弹出一系列窗口，提示进行原来的参数清除，直接单击"是"或"确定"或 OK 按钮，出现如图 2-91 所示的"Error"对话框，提示连接被迫中断，因为需要重新设置地址，直接单击"确定"按钮即可。

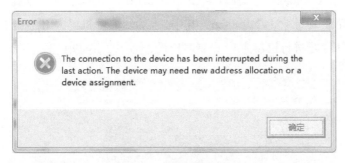

图2-91 网关配置设置

最后，网关图标后面出现一条连接线，表明网关配置成功，如图 2-92 所示。

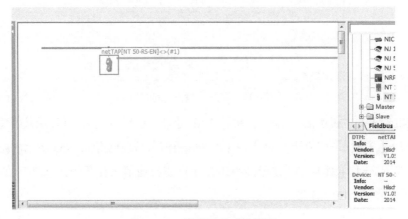

图2-92 网关配置成功页面

4）重置 IP 地址。具体步骤如下：

① 再次打开 Ethernet Device Setup 可执行文件，单击 Search Devices 按钮，显示已经找到的网关 netTAP 50-RS-EN，可以看到 IP 地址被重置为 0.0.0.0，如图 2-93 所示。

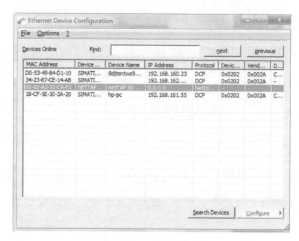

图2-93　网关查找界面

② 单击配置按钮 Configure，选择设置 IP 地址 Set IP Address，弹出设置 IP 地址对话框，如图 2-94 所示。设置 IP 地址为 192.168.0.n，其中，n 为比实际机器人 IP 小 1 的地址，如设置为 192.168.0.177，则下一步进行机器人 IP 设置时应设置为 192.168.0.178。

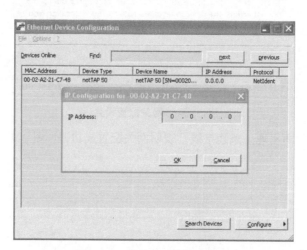

图2-94　网关设置IP地址界面

③ 设置机器人的主机通信 IP 地址。机器人 IP 地址的设置方法为：打开示教器【MENU】→【6 设置】→F1【类型】→【0 下一页】→【8 主机通信】，打开如图 2-95a 所示的协议界面。选中 TCP/IP，按下 F3【详细】，进入如图 2-95b 所示的主机通信设置界面，修改 IP 地址为网关 IP 地址加 1，即改为 192.168.0.178。

④ 配置好网关后，重启机器人和网关，再打开 MENU → I/O → EtherNet IP → Connection1 →回车，可以查看网关的 IP 地址为机器人的 IP 号减 1，即 192.168.0.177。

⑤ IP 地址修改完成后，可以再次单击搜索按钮进行检查。此时，可以看到 IP 地址已经更改为 192.168.0.177。

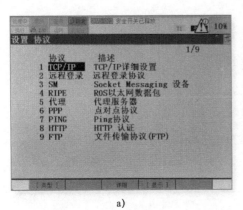 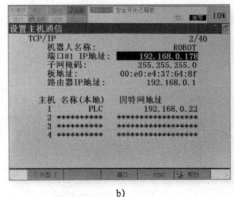

a)   b)

图2-95　机器人主机通信IP地址设置界面

5）配置网络协议格式 Modbus RTU 和 EtherNet/IP Scanner。具体操作步骤如下：

① 回到网关主界面，右键单击网关图标，如图 2-96 所示。

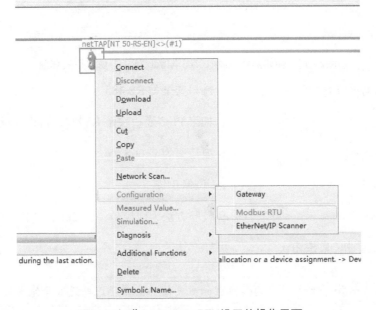

图2-96　进入Modbus RTU设置的操作界面

② 配置网关 Port X2 一侧（连接 PLC）Modbus RTU 协议格式。选中 Configuration，单击 Modbus RTU 后进入如图 2-97 所示的界面，重要设置的参数如下：

    a. Protocol mode: I/O Slave　　　　　；通信时，网关的 Modbus RTU 作为从站。当 PLC 与之通信时，PLC 应作为主站，与网关通信，网关再将数据转换成 Ethernet/IP 报文格式发送给机器人，从而实现 PLC 与机器人的网络通信

    b. Modbus Address: 2　　　　　；通信地址为 2

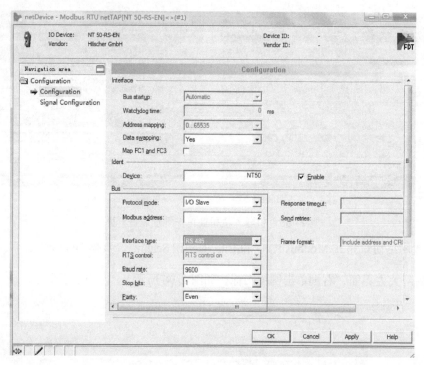

图2-97 初始网络（Port X2）Modbus RTU协议设置界面

c. Interface type: RS 485　　　　　　　；接口类型为 RS 485

　　　　　　　　　　　　　　　　　；如果 PLC 通信块是 RS232，这里应设为 RS232

d. Baud rate: 9600　　　　　　　　　；波特率为 9600bit/s

e. Stop bits: 1　　　　　　　　　　；1 位停止位

f. Parity: Even　　　　　　　　　　；校验方法为偶校验（Even Parity）

配置完毕，单击 OK 按钮。

注意　这些参数是后面 PLC 通信编程的重要依据，必须正确设置才能通信成功。

③ 配置网关 Port X3 一侧（连接 FANUC 工业机器人）EtherNet/IP Scanner。再次右键单击网关图标，选中 Configuration，单击 EtherNet/IP Scanner 后进入如图 2-98 所示的界面，修改 IP 地址。

6）加载 FUNAC 机器人网关插件 Fanucrobot0202.eds。操作步骤如下：

① 单击菜单 Network → Import Device Descriptions，弹出如图 2-99 所示的对话框，在"文件类型"下拉列表中选择"EtherNET/IP EDS"，选中 Fanucrobot0202.eds。

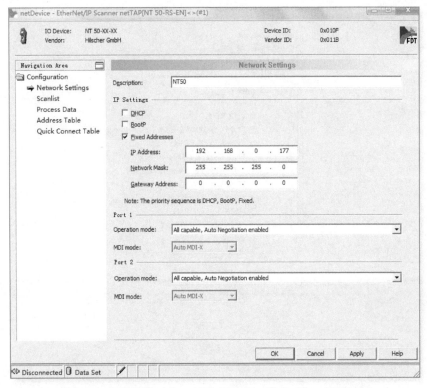

图2-98　初始网络（Port X3）EtherNet/IP Scanner设置界面

图2-99　网关插件选择页面

② 插件安装好后，打开右侧导航条中的 EtherNet/IP 下的 Slave，可见网关插件 FANUC Robot V2.2 已经添加进来了，如图 2-100 所示。

图2-100　网关插件加载和放置页面

③ 把插件拖放到网关附近位置。

可见，系统自动生成 FANUC 工业机器人通信的 IP 地址 192.168.0.178，即网关的地址。

7）信号映射。发送和接收一一对应，建立信号映射。外控设备（PLC）是 WORD 格式，机器人是 BYTE 格式，一个 WORD 对应两个 BYTE。

① 双击网关图标，选中 Signal Mapping，打开如图 2-101 所示的信号映射界面。

② 配置通信的发送和接收。左边 PLC 选中一个 WORD，右边 FANUC 机器人按下 <Shift> 选中两个 BYTE，再单击 Map signals 按钮，建立两者之间的信号映射，如图 2-102 所示。

③ 依次配置完 8 个字节的机器人发送数据和 8 个字节的机器人接收数据。映射结果显示在网关映射对话框的底部，如图 2-103 所示。

④ 设置机器人对应的输入地址为 DI[121] ~ DI[184]，共 64 个位，即 8 个字节。此时，对应左边 PLC 的发送端数据地址为 WORD[0] ~ WORD[3]，即 4 个字，共 64 位。

⑤ 设置机器人对应的输出地址为 DO[121] ~ DO[184]，共 64 个位，即 8 个字节。此时，对应左边 PLC 的接收端数据地址为 WORD[0] ~ WORD[3]，即 4 个字，共 64 位。

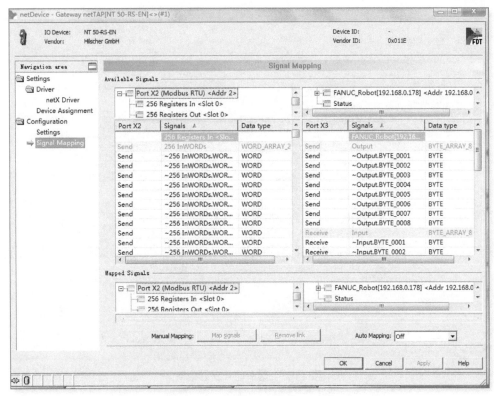

图2-101　网关信号映射（1）

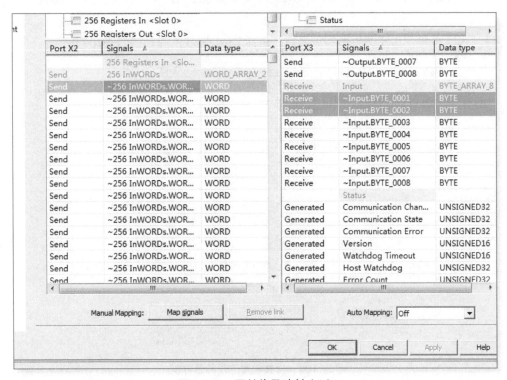

图2-102　网关信号映射（2）

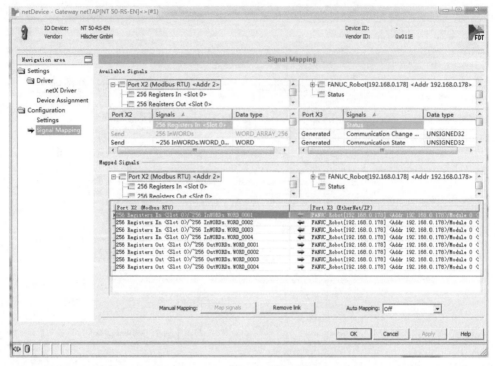

图2-103　网关信号映射结果

注意　机器人 DI/DO 地址分配的物理地址是机架 89，插槽 1，开始点为 1～64。

8）下载。右键单击左侧树形网关名称，选择 Download 下载，如图 2-104 所示。

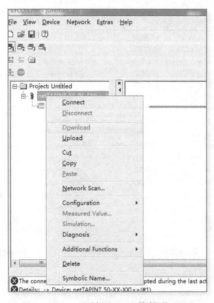

图2-104　网关配置下载操作界面

> **注意**　如果无法下载或者报错,应检查网线连接是否正常。双击网关图标,再次搜索网关。如果中途插拔过网线,可能会导致找不到网关。

下载完成后，下方输出状态栏提示下载成功，如图 2-105 所示。

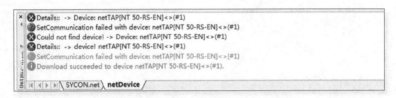

图2-105　网关配置下载成功界面

9）保存网关文件，下次使用时可以直接下载。

3. 设备连接

本实例通过网络进行通信，所有设备均采用普通网线连接即可。其中，网关初始侧 Port X2 采用 RS485 与 PLC 通信，有效信号线只有 T/RA 和 T/RB 两条，直接连接即可。设备连接如图 2-106 所示。

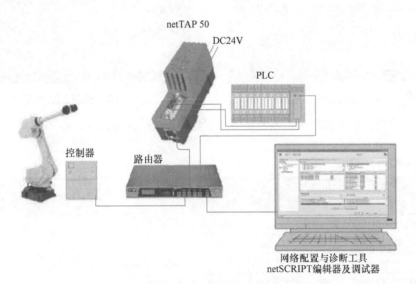

图2-106　机器人网络通信的设备连接

4. 系统配置

本实例系统配置主要是 I/O 地址分配。这里采用的是网络通信，将 DI[121] ~ DI[184] 分配在机架 89、插槽 1 和开始点 1，如图 2-107 所示；将 DO[121] ~ DO[184] 分配在机架 89、插槽 1 和开始点 1，如图 2-108 所示。

单个数据位进行数据交互时，可以直接查看或操作 DI/DO 一览界面。但多个数据位交互或整段数据块交互时，利用群组 GI/GO 会简便得多，所以，本实例还要进行 GI/GO 的地址分配，如图 2-109 和图 2-110 所示。

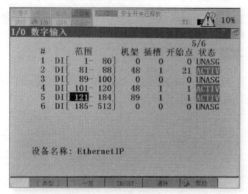

图2-107　机器人DI地址分配

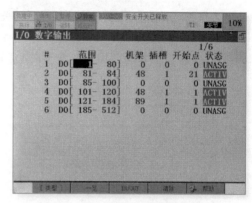

图2-108　机器人DO地址分配

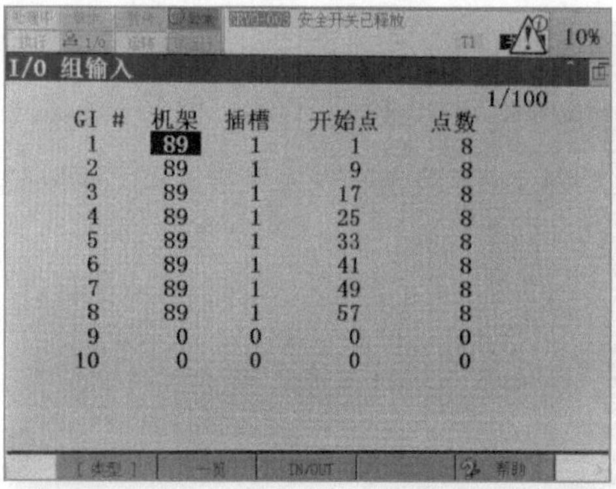

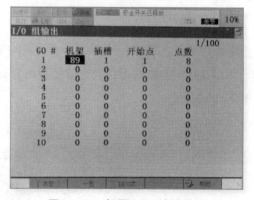

图2-109　机器人GI地址分配

图2-110　机器人GO地址分配

地址分配完毕，需要重启机器人控制器。配置完成后的数据关系见表 2-5。

表 2-5　PLC 与机器人数据关系表

设备	机器人				PLC	
	DI/DO	物理地址	GI/GO		数据块	地址
输入	DI[121] ~ DI[128]	89, 1, 1 ~ 8	GI[1]		数据发送块	BYTE[0]
	DI[129] ~ DI[136]	89, 1, 9 ~ 16	GI[2]			BYTE[1]
	……	……	……	←		……
	DI[177] ~ DI[184]	89, 1, 57 ~ 64	GI[8]			BYTE[7]
输出	DO[121] ~ DO[128]	89, 1, 1 ~ 8	GO[1]		数据接收块	BYTE[0]
	DO[129] ~ DO[136]	89, 1, 9 ~ 16	GO[2]			BYTE[1]
	……	……	……	→		……
	DO[177] ~ DO[184]	89, 1, 57 ~ 64	GO[8]			BYTE[7]

5. 程序设计

（1）机器人程序设计

1）单个数据位的交互。机器人单个数据位的输入可以直接查看 DI 一览界面，单个数据位的输出可以直接通过 DO 一览界面设置，所以无须创建机器人 TP 程序，只需要进行 PLC 程序设计即可。

2）多个数据位的交互。机器人 TP 参考程序 TEST2 如下：

    1 : R[1]=GI[1]　　　　　　　；读取从 PLC 发送过来的 GI[1] 的 8 位数据，存到 R[1] 中

    2 : GO[1]=R[1]　　　　　　 ；将接收到的 8 位数据又发送给 PLC

    END

3）整段数据块的交互。机器人 TP 参考程序 TEST3 如下：

    1 : R[2]=0

    2 : FOR R[3]=1 TO 8

    3 : R[2]=G[R[3]]+R[2]

    4 : ENDFOR

    5 : GO[1]=R[2]

    END

基于网络接口的机器人与PLC数据交互的项目实施

（2）PLC 程序设计　PLC 程序设计及项目实施步骤如下：

1）新建工程项目，获取硬件，PLC 设备组态如图 2-111 所示。

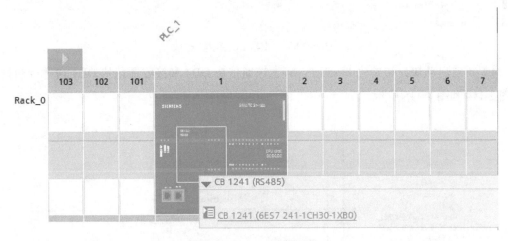

图2-111　PLC设备组态

2）新建发送数据块 DB53，如图 2-112 所示。

注意　这里的数据块必须取消优化选项，否则后面不能用指针对其进行访问。

3）创建接收数据块 DB54，如图 2-113 所示。

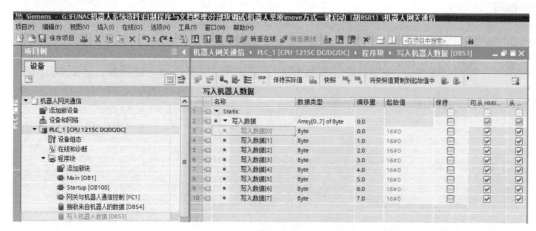

图2-112　创建PLC发送数据块

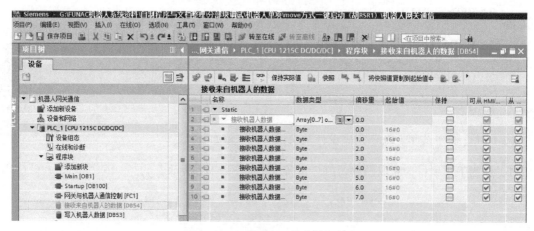

图2-113　创建PLC接收数据块

4）新建启动块，初始化 Modbus，将发送通信块 DB4 和接收通信块 DB1 均进行初始化，如图 2-114 和图 2-115 所示。

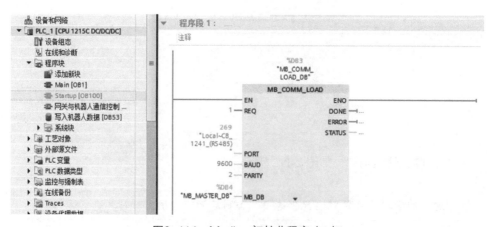

图2-114　Modbus初始化程序（1）

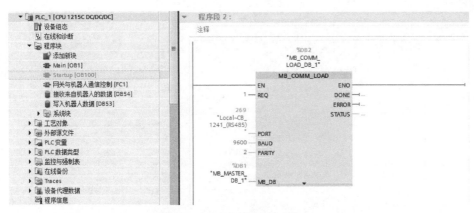

图2-115 Modbus初始化程序（2）

> **注意**
>
> ① 这里必须采用偶校验，即 PARITY=2。其次，这里的初始化通信块必须采用 Modbus 指令，而不是 Modbus（RTU）。
>
> ② 这里的 MB_DB 是后面作为主站的 PLC 发送数据指令分配的 DB4 块和接收数据指令分配的 DB1 块。
>
> ③ 这里的 PORT 口采用的是 PLC 扩展的 CB 信号板 CB_1241_（RS485）。

5）编写通信程序——数据发送功能。

① 根据网关配置可知：PLC 与机器人通信时，PLC 作为主站（指令用 MB_MASTER），网关作为从站，从站地址为"2"，即（MB_ADDR=2）。

② MODE=1，作为数据发送。发送数据块为 DB53.BYTE[0]~BYTE[8]。

③ 一次发送 8 个字节，所以数据起始地址从 1 开始，数据长度为 64，即 DATA_ADDR=1，DATA_LEN=64，如图 2-116 所示。

6）编写通信程序——数据接收功能。

① 采用发送完成就去接收数据，接收完成就去发送数据的方式实现。

② MB_ADDR=2，因为还是从网关读取数据，而网关作为从站，地址为"2"。

③ MODE=0，作为数据读取（或接收）。读取到的数据存放到数据块 DB54.BYTE[0] ~ BYTE[8] 中。

④ 一次接收 8 个字节，所以数据起始地址从 1 开始，数据长度为 64，即 DATA_ADDR=10001，DATA_LEN=64，如图 2-117 所示。

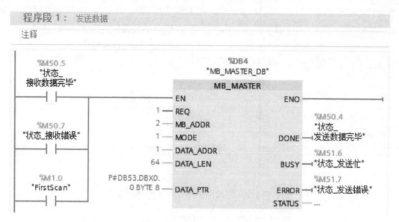

图2-116　PLC发送数据

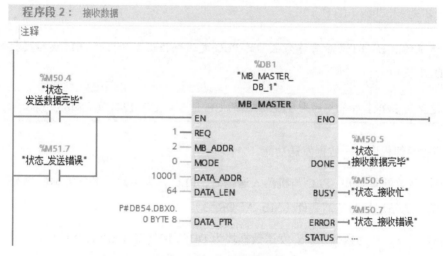

图2-117　PLC接收数据

7）编写单个数据位交互程序。单个数据位发送功能的参考程序如图2-118所示。

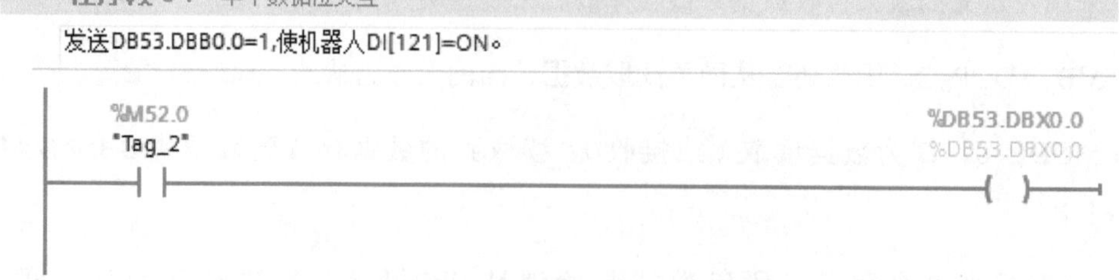

程序段3：　单个数据位交互

发送DB53.DBB0.0=1，使机器人DI[121]=ON。

```
    %M52.0                                                    %DB53.DBX0.0
    "Tag_2"                                                   %DB53.DBX0.0
    ──┤├──────────────────────────────────────────────────────( )──
```

图2-118　单个数据位发送

当 M52.0=ON 时，置位 DB53.DBx0.0 根据表 2-5 可知，该位对应到机器人的地址是机架 89、插槽 1 和开始点 1，即 DI[121]。

8）编写多个数据位交互程序。若想使 DI[121] ~ DI[128] 均为 ON，则 DB53.DBB0=16#FF。参考程序如图 2-119 所示。

9）编写整段数据交互程序，完成相应功能。参考程序如图 2-120 和图 2-121 所示。

图2-119 多个数据位交互

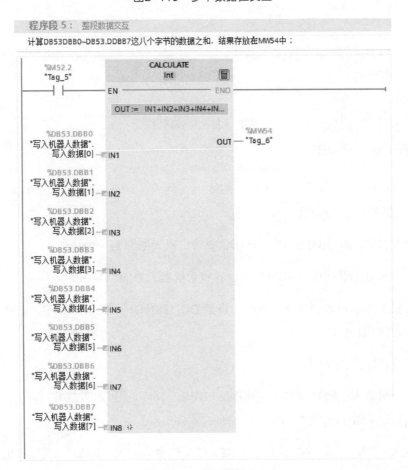

图2-120 整段数据交互

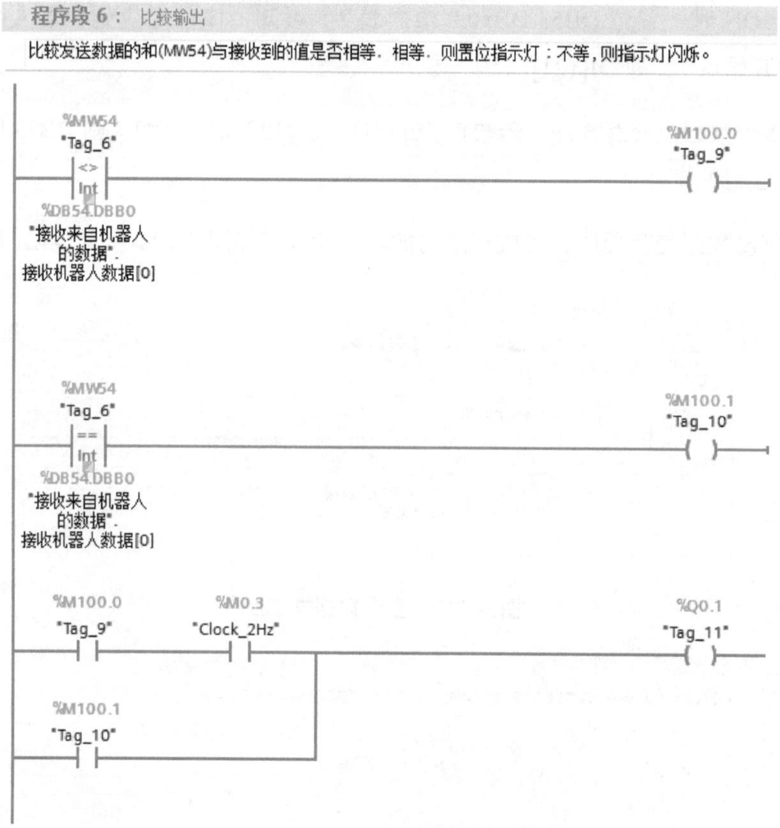

程序段 6： 比较输出

比较发送数据的和(MW54)与接收到的值是否相等. 相等. 则置位指示灯：不等,则指示灯闪烁。

图2-121　比较输出

10）运行下载 PLC 程序。

6. 调试与运行

（1）单个数据位交互调试

1）闭合 M52.0，即 DB53.DBX0.0=ON，查看机器人 DI[121]=ON。

2）断开 M52.0，即 DB53.DBX0.0=OFF，查看机器人 DI[121]=OFF。

3）打开机器人示教器 DO 一览界面，设置 DO[128]=ON，其余为 OFF，查看 PLC 的接收数据块，可见 BYTE[0]=16#8。

（2）多个数据位交互调试

1）PLC→机器人：闭合 M52.1，则 DB53.DBB0=16#FF，PLC 发送数据块，则对应的机器人输入点 DI[121]~DI[128] 均为 ON。

2）机器人→PLC：运行机器人程序 TEST2（机器人读取 DI[121]~DI[128] 的数据，并从 DO[121]~DO[128] 发送回去），打开 PLC 的监视功能，可见它的写入数据块 DB53 与接收数据块 DB54 的值相等。

（3）整段数据交互功能调试

1）设置 PLC 发送数据块的数值如图 2-122 所示。

> **注意**　要使它的初始值有效，必须在修改完数据后，重新编译程序，并下载到 PLC 中，才能生效。

写入机器人数据

		名称	数据类型	偏移量	起始值	保持	可从 HMI/...	从 ...
1		▼ Static				☐	☐	☐
2		▼ 写入数据	Array[0..7] of Byte	0.0		☐	☑	☑
3		写入数据[0]	Byte	0.0	16#0	☐	☑	☑
4		写入数据[1]	Byte	1.0	16#1	☐	☑	☑
5		写入数据[2]	Byte	2.0	16#2	☐	☑	☑
6		写入数据[3]	Byte	3.0	16#3	☐	☑	☑
7		写入数据[4]	Byte	4.0	16#4	☐	☑	☑
8		写入数据[5]	Byte	5.0	16#5	☐	☑	☑
9		写入数据[6]	Byte	6.0	16#6	☐	☑	☑
10		写入数据[7]	Byte	7.0	16#7	☐	☑	☑

图2-122　PLC数据设置界面

2）启动 PLC 程序和机器人程序 TEST3。

3）闭合 M52.2，计算数据和。

4）监视 PLC 的接收数据块，可见它的值与发送数据块的值已经完全相等。

5）监视 PLC 程序段，可见指示灯得电点亮。

6）修改机器人 TP 程序的第 5 行程序为 GO[1]=R[2]+1，再查看指示灯，可见指示灯闪烁。

第3章
CHAPTER 3

FANUC工业机器人 远程控制

机器人手动运行时，需要有人操作示教器，这种运行方式适用于程序的试运行与测试阶段，在实际的工业生产中，必须采用自动运行的方式。机器人系统集成时，需要根据不同的工况选择启动不同的机器人程序，这需要将机器人置于遥控状态，由外部设备控制相应程序的自动运行。

机器人通过外部设备控制信号来选定和启动程序的方式主要有三种：RSR 方式、PNS 方式和 STYLE 方式。本章通过案例教学逐一介绍。

知识目标

1. 熟悉 FANUC 工业机器人的外围设备信号 UI/UO 的含义。

2. 理解 UI/UO 信号与 DI/DO 信号关联的原理。

3. 掌握三种常用的自动运行控制方式（RSR/PNS/STYLE）的程序选择与控制时序。

4. 理解 RSR、PNS 和 STYLE 方式的优缺点和应用场合。

技能目标

1. 掌握 UI/UO 与 DI/DO 信号通过地址分配实现信号关联的方法。

2. 掌握 FANUC 工业机器人遥控状态的系统配置方法。

3. 掌握 RSR、PNS 和 STYLE 三种常用方式的机器人自动运行控制的实施过程。

思维导图

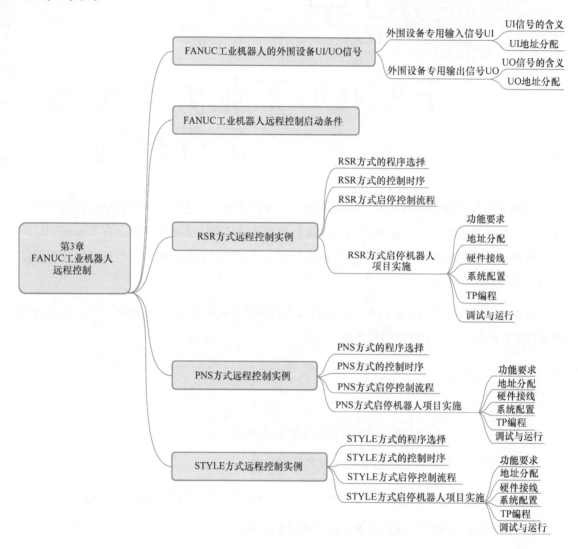

3.1 FANUC工业机器人的外围设备UI/UO信号

通用I/O信号的用途是不固定的，用户可以自由定义；而专用I/O信号的用途是固定的，无法更改。外围设备专用I/O信号UI/UO是机器人的遥控装置与各类外围设备进行数据交互的数字专用信号。

UI信号含义及与
DI信号的关联

3.1.1 外围设备专用输入信号UI

1. UI信号的含义

（1）UI[1] IMSTP：紧急停机信号　IMSTP 是瞬时停止信号，可通过软件断开伺服电源。该信号正常状态时为 ON，当变为 OFF 时，系统发出警报后断开伺服电源，同时瞬间停止机器人的动作，中断程序的执行。

FANUC 工业机器人的常用紧急停机信号有示教器（TP）上的急停按钮、控制面板（柜）上的急停按钮、TP 上的 DEADMAN 开关及外部紧急停止信号等。发生急停时，UI[1]=OFF。

（2）UI[2] HOLD：暂停信号　HOLD 是暂停信号，可从外部设备发出暂停指令。该信号正常状态时为 ON，当变为 OFF 时，系统减速停止执行的动作，中断程序的执行。若在配置系统参数时设定了"暂停时伺服"为启用，则系统停止机器人动作后，发出报警并断开伺服电源。后面再输入 UI[6] START 信号时，TP 程序可再次从中断的位置继续执行。

（3）UI[3] SFSPD：安全速度信号　SFSPD 通常连接安全栅栏的安全插销，可在安全栅栏开启时使机器人暂停工作。该信号正常状态时为 ON，当变为 OFF 时，系统减速停止执行的动作，中断程序的执行，将速度倍率调低到系统变量 \$SCR.\$FENCEOVRD 所指定的值。若通过 TP 启动了程序，则将速度倍率调低到系统变量 \$SCR.\$SFRUNOVLIM 所指定的值；若执行了点动进给，则将速度倍率调低到系统变量 \$SCR.\$SFJOGOVLIM 所指定的值。

（4）UI[4] CSTOPI：循环停止信号　CSTOPI 信号可结束当前执行中的程序。在 RSR 方式下进行多程序排队运行时，当 CSTOPI 信号 =ON 时，可以解除处在待命状态下的程序。

在默认情况下，用"MENU →系统→配置"打开系统参数配置界面，将"CSTOPI 信号强制中止程序"设置为无效，当 CSTOPI 信号 =ON 时，待命程序均取消，且当前程序会执行到末尾才停止，所以称为循环停止信号。

如果在系统参数配置界面中，将"CSTOPI 信号强制中止程序"设置为有效，当 CSTOPI 信号 =ON 时，待命程序均取消，且当前程序也会立即停止。

（5）UI[5] FAULT RESET：报警复位信号　它是报警解除信号，可用于解除报警。一般情况下，系统出现报警时，伺服电源被关断。当 FAULT RESET 信号为 ON 时，系统会重新接通伺服电源，启动伺服装置，清除报警。

（6）UI[6] START：启动信号　它是外部启动信号，只在遥控状态下有效。该信号在下降沿启用。

1）在默认情况下，在系统参数配置中，将"恢复运行专用（外部启动）"设置为无效（即禁用），当接收到 START 信号时，如果当前 TP 程序处于暂停状态，则继续执行暂停中的程序；

如果没有程序处于暂停状态，则从 TP 所选程序的当前光标所在的行开始执行程序。

2）如果在系统参数配置中，将"恢复运行专用（外部启动）"设置为有效（即启用），当接收到 START 信号时，仅能继续执行暂停中的程序。如果没有程序处于暂停状态，则忽略该信号。

（7）UI[7] HOME：回 HOME 信号　它是回 HOME 位置的输入信号（需要设置宏程序）。

（8）UI[8] ENABLE：使能信号　当 ENABLE=ON 时，允许机器人动作。当 ENABLE=OFF 时，禁止基于点动进给的机器人动作，也禁止包含动作的程序启动。此外，在程序执行中，也可以通过通断该信号来暂停或继续执行程序。

（9）UI[9]～UI[16] RSR1～RSR8：机器人启动请求信号。

1）UI[9]～UI[16] PNS1～PNS8：程序号选择信号。

2）UI[9]～UI[16] STYLE1～STYLE8：编号选择信号。

UI[9]～UI[16] 在不同的启动方式时代表不同的信号，如 UI[9] 是 RSR1/PNS1/STYLE1，UI[10] 是 RSR2/PNS2/STYLE2……依次类推。

当采用 RSR 远程控制方式时，RSR1～RSR8 是机器人启动请求信号，接收到其中的某一个信号时，该信号对应的 RSR 程序被选中并启动。如果已经有程序正在执行，则新选中的程序加入待命程序队列。详细的应用可参考后面的相关内容。

当采用 PNS 远程控制方式时，PNS1～PNS8 是机器人程序号选择信号，它们跟 PNS 选通信号（PNSTROBE）配合，实现 PNS 程序的选择和启动。详细的应用可参考后面的相关内容。

当采用 STYLE 远程控制方式时，STYLE1～STYLE8 是编号选择信号，与启动信号（START）配合，实现 STYLE 程序的启动控制。详细的应用可参考后面的相关内容。

（10）UI[17] PNSTROBE：PNS 选通信号　PNSTROBE 信号与 PNS1～PNS8 配合，实现 PNS 程序的选择。

（11）UI[18] PROD_START：自动操作开始（生产开始）信号　PROD_START 是自动运行的启动信号，只在遥控状态下的下降沿有效。

1）与 PNS 一起使用的情况下，从第 1 行起执行 PNS 所选择的程序。

2）没有与 PNS 一起使用的情况下，从第 1 行起执行由 TP 所选择的程序。

3）若有其他程序正在执行或处于暂停中，忽略该信号。可见 PNS 不能实现多程序排队执行。

2. UI地址分配

机器人的 UI/UO 信号与外部信号的关联也是通过分配在同一物理地址来实现的，如

图 3-1 所示，机器人将 UI[1] ~ UI[18] 分配在机架 48、插槽 1 和开始点 1，将外部数字输入信号 DI[101] ~ DI[118] 也分配在同一物理地址，对应信号关系见表 3-1。

图3-1　UI与外部信号的关联示意图

表 3-1　UI 与外部信号对应关系表

DI 信号	DI[101]	DI[102]	……	DI[117]	DI[118]
物理地址	48, 1, 1	48, 1, 2	……	48, 1, 17	48, 1, 18
UI 信号	UI[1]	UI[2]	……	UI[17]	UI[18]

UI/UO 地址分配的主要步骤如下：

1）打开 UI/UO 分配界面。机器人示教器依次按键操作：【MENU】→ I/O → F1【Type】→ UOP，显示 UI/UO 一览界面，如图 3-2 所示。按 F3【IN/OUT】可进行 UI/UO 一览界面切换。

2）按 F2【一览 / 分配】可进行一览 / 分配界面切换，如图 3-3 所示。

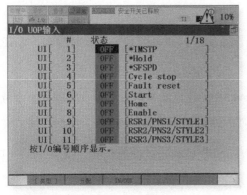

图3-2　UI一览界面

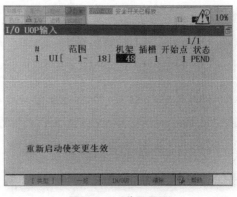

图3-3　UI分配界面

3）按 F4【清除】删除光标所在项的分配。

> 注意　工业机器人 UI/UO 地址分配完毕，必须重启机器人控制器，使分配生效，即由 PEND 状态转换为 ACTIVE 状态，才能正确地使用。

3.1.2　外围设备专用输出信号UO

1. UO信号的含义

（1）UO[1] CMDENBL：命令使能信号输出　CMDENBL 是包含动作的程序启动使能信号，当下列条件成立时，CMDENBL=ON：

UO信号含义及与DO信号的关联

1）遥控条件成立。

2）可动作条件成立（AUTO 模式）。

3）选定了连续运转方式（非单步运行）。

（2）UO[2] SYSRDY：系统准备完毕输出　SYSRDY 是系统准备就绪信号，在伺服电源接通时输出，将机器人置于动作允许的状态。当 SYSRDY=ON 时，可执行点动进给，也可启动包含动作的程序。当下列条件成立时，SYSRDY=ON：

1）UI[8] ENABLE = ON。

2）（非报警状态）伺服电源接通。

（3）UO[3] PROGRUN：程序执行状态输出　PROGRUN 是程序正在执行的状态标志，PROGRUN=ON，表明正在执行程序。

（4）UO[4] PAUSED：程序暂停状态输出　PAUSED 是程序正处于暂停的状态标志，PAUSED=ON，表明程序暂停中。

（5）UO[5] HELD：保持输出　HELD 是程序正处于保持中的状态标志，在按下 HOLD 键或 UI[2]=ON 时，输出 UO[5]HELD=ON。

（6）UO[6] FAULT：错误输出　FAULT 是报警信号，在系统发生报警时输出（WARN 报警除外）。它可以通过 UI[5]FAULT RESET=ON 来解除。

（7）UO[7] ATPERCH：机器人就位输出　ATPERCH 是参考位置信号。机器人参考位置最多可以定义 10 个。当机器人处在第 1 参考位置时，UO[7] ATPERCH=ON。

（8）UO[8] TPENBL：示教器使能输出　TPENBL 是示教器使能信号，当 TP 打在 ON 时，UO[8]=ON；当 TP 打在 OFF 时，UO[8]=OFF。

（9）UO[9] BATALM：电池报警输出　BATALM 是电池异常信号，当控制装置或机器人的脉冲编码器的后备电池电量不足时，输出为 ON。

（10）UO[10] BUSY：处理器忙输出　BUSY 是处理器忙的标志状态，当程序执行中或使用 TP 进行作业处理时，BUSY=ON。

（11）UO[11] ~ UO[18] ACK1 ~ ACK8：证实信号　当 RSR 输入信号被接收时，输出一个相应的脉冲信号。

UO[11] ~ UO[18] SN01 ~ SN08　该信号组以 8 位二进制码表示相应的当前选中的 PNS 程序号。

UO[11] ~ UO[18] 在不同的启动方式时代表不同的信号，如 UO[11] 是 ACK1/SNO1，UO[12] 是 ACK2/SNO2……依次类推。

ACK1 ～ ACK8：是 RSR 接收确认信号，在 RSR 远程启动时有效。当接收到 RSR 输入时，作为确认，输出对应的脉冲信号。例如，在遥控条件成立时，输入信号 UI[11] RSR3=ON，则机器人输出确认信号 UO[13] ACK3=ON，表明收到了该启动信号。

SNO1 ～ SNO8：程序号码选择的确认信号，在 PNS 或 STYLE 远程启动时有效。当接收到 PNS 或 STYLE 程序选择输入和启动信号时，输出对应的信号。

（12）UO [19] SNACK：信号确认输出　SNACK 是 PNS 或 STYLE 远程启动确认输出，在 PNS 或 STYLE 远程启动时有效。当程序即将启动前 SNACK=ON，脉冲宽度通过参数设定。

（13）UO [20] Reserved：预留信号

2. UO地址分配

机器人的 UO 信号与外部信号的关联与 UI 类似，也是通过分配在同一物理地址来实现的，如图 3-4 所示。机器人将 UO[1] ～ UO[20] 分配在机架 48、插槽 1 和开始点 1，将外部数字输出信号 DO[101] ～ DO[120] 也分配在同一物理地址，对应信号关系见表 3-2。

图3-4　UO与外部信号的关联示意图

表 3-2　UO 与外部信号对应关系表

DO 信号	DO[101]	DO[102]	……	DO[119]	DO[120]
物理地址	48, 1, 1	48, 1, 2	……	48, 1, 19	48, 1, 20
UO 信号	UO[1]	UO[2]	……	UO[19]	UO[20]

将 UO[1] ～ UO[20] 地址分配在机架 48、插槽 1 和开始点 1，UO 一览和 UO 地址分配如图 3-5 所示。

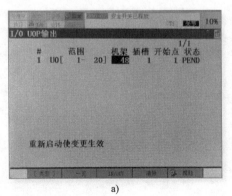

a)

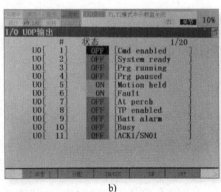

b)

图3-5　UO一览与地址分配界面

3.2 FANUC工业机器人远程控制启动条件

通过外围设备输入信号来启停机器人程序时，需要将机器人置于遥控状态。遥控状态是指如下遥控条件成立时的状态。当下列条件已成立时，查看输出 UO[1] CMDENBL 信号，该信号的输出为 ON。

1）TP 开关置于 OFF。

2）非单步执行状态。

3）模式开关置于 AUTO 档。

4）"专用外部信号"为"启用"。设置步骤:【MENU】→【下页】→【6 系统】→【5 配置】，如图 3-6 所示，将"7 专用外部信号"设为"启用"，如图 3-7 所示。

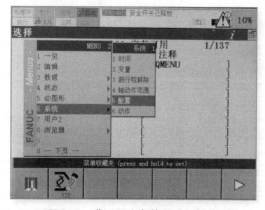

图3-6 进入系统参数配置的操作

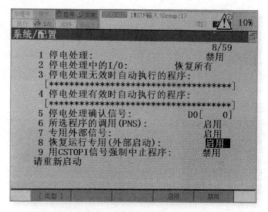

图3-7 专用外部信号设置

5）"43 远程/本地设置"为"远程"，如图 3-8 所示。

6）UI[1] IMSTP 紧急停机信号为 ON。

7）UI[2] HOLD 暂停信号为 ON。

8）UI[3] SFSPD 安全速度信号为 ON。

9）UI[8] ENABL 使能信号为 ON。

10）系统变量 $RMT_MASTER 设定为 0（默认值是 0）。设置步骤:【MENU】→【下页】→【6 系统】→【参数】，将 $RMT_MASTER 设为 0。

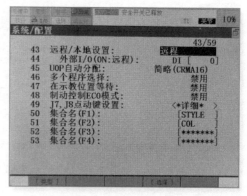

图3-8 远程/本地设置

> 注意 $RMT_MASTER 定义下列远端设备：①0：外围设备；②1：显示器/键盘（CRT/KB）；③2：主计算机；④3：无遥控装置。

当上述十个条件成立时，机器人系统使能 CMDENBL 信号 UO[1]=ON。

3.3 RSR方式远程控制实例

机器人采用 RSR 方式进行远程控制的主要过程如下：外部设备给机器人发送启动请求信号（RSR1～RSR8），机器人控制装置判断所输入的 RSR 信号是否有效，机器人处于有效状态下时，选择相应程序、发送反馈信号并开始执行程序，处在无效状态下时，信号将被忽略。

3.3.1 RSR方式的程序选择

机器人 RSR 程序名为 7 位：RSR+4 位数字。其中，4 位数字 =[RSR 基数 +RSR 登录号码]，不足 4 位时在前面补 0，如 RSR0001、RSR0105 等。

RSR方式远程
启动控制

RSR 有 RSR1～RSR8 8 个外部启动信号，最多可以启动 8 个程序。

【例 3-1】 如图 3-9 所示，设置 RSR 登录号码。此号码可以随意设置，如设置 RSR1 为 12，RSR2 为 21，RSR3 为 33，RSR4 为 48，设置基数为 100。那么，当 RSR8 ～ RSR1=0000 0010 时，仅有 RSR2=ON，则 RSR 程序号码的数字 =100+21=121，不足 4 位，前面补 0。所以，最终选择的程序名为 "RSR0121"。

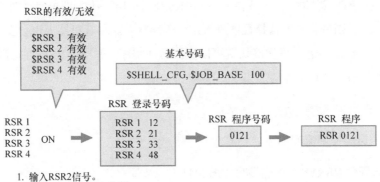

1. 输入RSR2信号。
2. 检查RSR2信号是否有效。
3. 启动具有所选RSR程序号码的RSR程序。

图3-9 RSR程序命名规则

当有程序正在执行或中断时，输入 RSRx 信号，则对应被选择的程序加入排队等候队列，一旦原先的程序运行结束，就开始运行排队等候的程序。所以，RSR 方式能实现最多 8 个程序的排队运行。

假如RSR8～RSR1=0000 0011，则RSR0112和RSR0121两个程序排队执行，根据RSR1和RSR2按下的先后顺序决定程序执行的先后顺序。

3.3.2 RSR方式的控制时序

RSR方式的控制时序如图3-10所示。在遥控条件成立的情况下，即CMDENBL UO[1]为ON，机器人接收到RSR1请求信号，机器人在32ms内做出应答，发出ACK1信号（UO[11]），在ACK1信号发出35ms内，程序启动，发出PROGRUN信号（UO[3]）。即使在RSR输入和ACK信号输出中，也可以接受其他RSR，如图3-10中的RSR2信号的输入，此时，新的选择程序加入排队等候队列。

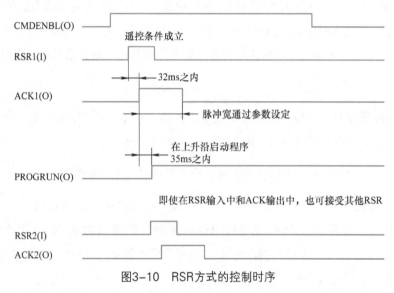

图3-10　RSR方式的控制时序

可见，当遥控条件成立时，只要置位RSR1～RSR8中的某一位，即可启动对应的RSR程序，当多个位为ON时，则后置位的选择程序进入排队等候状态。尽管机器人也会发出ACK反馈信号，但它不需要外部设备进行再次确认就可以直接启动程序。总之，RSR方式简单直接，但因为缺乏确认应答环节，所以安全性较低。

3.3.3 RSR方式启停控制流程

RSR方式的启停控制流程如下。

（1）机器人程序RSR****功能编写（图3-11）

图3-11　UI与DI信号的关联

（2）机器人设置

1）UI[1] ~ UI[20] 对应 DI[101] ~ DI[120]。RSR 没有实质的机器人反馈信号，所以，这里 UO 不需要用到，省略分配。

2）机器人程序选择：RSR 方式。

3）机器人系统参数设置：RSR 方式、远程控制、外部信号启用等。

4）关 TP，AUTO 档。

（3）外部设备操作

1）外部设备发送初始化命令：UI[1]、UI[2]、UI[3] 和 UI[8] 均为 ON。

2）外部设备选择 RSR* 发出程序选择与启动命令，UI[*]=ON，机器人正式启动程序。

3）外部设备发送停止命令，UI[6]=OFF，机器人停止运行。

3.3.4 RSR方式启停机器人项目实施

1. 功能要求

利用 FANUC 工业机器人的 CRMA15 I/O 板进行 RSR 方式的启停控制，要求如下：

1）按下 RSR1 对应的 SB1 按钮时启动 RSR0001 程序，使机器人走出一个三角形轨迹。

2）按下 RSR2 对应的 SB2 按钮时启动 RSR0002 程序，使机器人走出一个平面矩形轨迹。

3）按下 RSR3 对应的 SB3 按钮时启动 RSR0003 程序，使机器人在两点之间来回摆动 3 次。

4）具有多个程序排队执行的功能：先后按下 SB1 和 SB2 按钮，机器人依次运行 RSR0001 和 RSR0002 这两个程序。

5）具有停止运行功能：在运行过程中，按下停止按钮 SB4，机器人立即中止所有的运行程序和排队程序；若此时再按下继续运行按钮 SB6，机器人继续运行当前停止的程序，但所有排队程序不再执行。

6）具有暂停和继续运行的功能：在运行过程中，按下暂停按钮 SB5，机器人立即暂停运行程序和排队等候的程序；若此时再按下继续运行按钮 SB6，机器人继续运行当前暂停的程序和所有排队程序。

2. 地址分配

RSR 方式主要用到 UI 信号和 DI 信号，并且要实现两者的关联，为了减少操作，需要在初始时 UI[1]、UI[2]、UI[3] 和 UI[8] 均为 ON。

（1）DI信号与UI信号　RSR启停控制属于单向控制，不需要用到实质的反馈信号，所以省略输出信号DO及与之对应的UO信号。需要用到的数字输入信号DI及与之关联的系统输入信号UI见表3-3。

表3-3　RSR远程控制方式的地址分配表

数字输入信号 DI			系统输入信号 UI		
名称	地址	说明	名称	地址分配 （机架，槽号，开始点）	说明
清除错误报警按钮 SB7	DI[107]	UI[5]=ON 时，清除所有错误报警	UI[5]	48，1，7	RESET
初始化按钮 SB0	DI[108]	使 UI[1]、UI[3]、UI[8]=ON，若采用常闭接入，可省略手动按下的操作	UI[1]	48，1，8	始终保持为 ON 的状态
			UI[3]	48，1，8	
			UI[8]	48，1，8	
启动按钮 SB1	DI[101]	RSR1 启动信号，选择程序 RSR0001	UI[9]	48，1，1	RSR1
启动按钮 SB2	DI[102]	RSR2 启动信号，选择程序 RSR0002	UI[10]	48，1，2	RSR2
启动按钮 SB3	DI[103]	RSR3 启动信号，选择程序 RSR0003	UI[11]	48，1，3	RSR3
停止按钮 SB4	DI[104]	高电平有效，使循环停止信号 UI[4]=ON	UI[4]	48，1，4	停止信号 CSTOPI
暂停按钮 SB5	DI[105]	常闭接入，使暂停信号 UI[2]=ON	UI[2]	48，1，5	暂停信号 HOLD
重启（继续运行）按钮 SB6	DI[106]	高电平有效，使继续运行信号（START）UI[6]=ON	UI[6]	48，1，6	继续运行信号 START

（2）地址分配　打开示教器DI分配界面，给DI[101]～DI[120]分配为机架48、槽号1和开始点1，如图3-12所示。打开示教器UI分配界面，给表3-3中的所有UI进行地址分配，如图3-13所示。

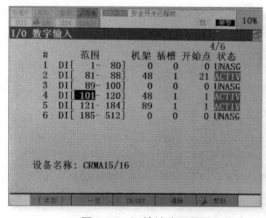

图3-12　DI地址分配界面

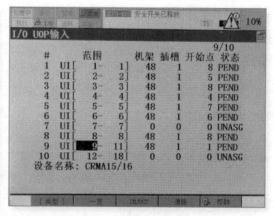

图3-13　UI地址分配界面

（3）重启机器人 此时，机器人的 DI[101] ~ DI[110] 对应 CRMA15 板的 1# ~ 10#，且 UI 与 DI 实现了有效关联。初始时的 UI[1]、UI[2]、UI[3] 和 UI[8] 均为 ON。

3.硬件接线

初始化按钮 SB0 —— CRMA15：8# ——DI[108]（接常闭触点，省略操作）

启动按钮 SB1 —— CRMA15：1# ——DI[101]

启动按钮 SB2 —— CRMA15：2# ——DI[102]

启动按钮 SB3 —— CRMA15：3# ——DI[103]

停止按钮 SB4 —— CRMA15：4# ——DI[104]

暂停按钮 SB5 —— CRMA15：5# ——DI[105]

继续运行按钮 SB6 —— CRMA15：6# ——DI[106]

清除错误报警按钮 SB7 —— CRMA15：7# ——DI[107]

硬件接线如图 3-14 所示。

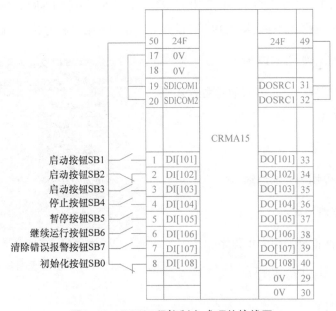

图3-14 RSR远程控制方式硬件接线图

4. 系统配置

（1）RSR 方式程序选择配置 RSR 方式程序选择主要需要配置以下三个参数：

1）选择 RSR 方式。

2）设置每一个 RSRx 的登录号码，并启用。

3）设置基数。

具体操作步骤如下：

① 点击【MENU】→【6 设置】→【1 选择程序】，如图 3-15 所示。

②【1 程序选择模式】设置为 RSR，如图 3-16 所示，然后点击 F3【详细】。

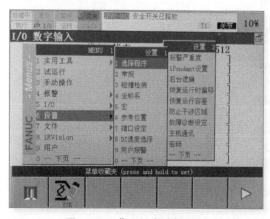

图3-15 进入程序选择界面

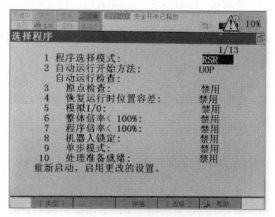

图3-16 选择程序界面

③ 设置 RSR1 的登录号码为 1，并启用 RSR1。需要用到哪个 RSR*，启用它即可。同理，设置 RSR2 的登录号码为 2，并启用 RSR2；设置 RSR3 的登录号码为 3，并启用 RSR3。

④ 设置基数为 0，如图 3-17 所示。

（2）系统参数配置 RSR 方式启停程序主要需要配置以下几个参数：

1）7 专用外部信号。

2）8 恢复运行专用（外部启动）。

3）43 远程 / 本地设置。

4）9 用 CSTOPI 信号强制中止程序。

5）10 CSTOPI 中止所有程序。

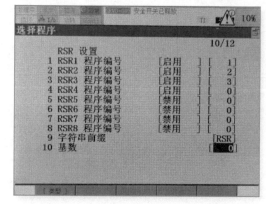

图3-17 RSR登录号码和基数设置界面

具体操作步骤如下：

① 点击【MENU】→【0 下页】→【6 系统】→【5 配置】，如图 3-18 所示。

② 启用"7 专用外部信号"和"8 恢复运行专用（外部启动）"，如图 3-19 所示。

将"8 恢复运行专用（外部启动）"设置为无效（即禁用），当接收到 UI[6]START 信号时，如果当前 TP 程序处于暂停状态，则继续执行暂停中的程序；如果没有程序处于暂停状态，则从 TP 所选程序的当前光标所在的行开始执行程序。如果将 "8 恢复运行专用（外部启动）" 设置为有效（即启用），当接收到 UI[6]START 信号时，仅能继续执行暂停中的程序。如果没有程序处于暂停状态，则忽略该信号。

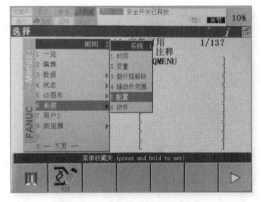

图3-18 进入系统配置页面

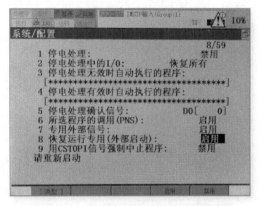

图3-19 远程控制外部信号启动设置

本实例将 "8 恢复运行专用（外部启动）" 设置为启用，表明 UI[6] 仅作为暂停后的继续启动控制，不作为重新启动程序控制。

③ 启用 "9 用 CSTOPI 信号强制中止程序" 和 "10 CSTOPI 中止所有程序"，如图 3-20 所示。

CSTOPI 信号可结束当前执行中的程序。如果将 "10 CSTOPI 中止所有程序" 设置为无效，当 CSTOPI 信号 =ON 时，待命程序均取消，且当前程序会执行到末尾才停止，所以称为循环停止信号。如果将 "10 CSTOPI 中止所有程序" 设置为有效，当 CSTOPI 信号 =ON 时，待命程序均取消，且当前程序也会立即停止。

④ 将 "43 远程 / 本地设置" 改为 "远程"，如图 3-21 所示。

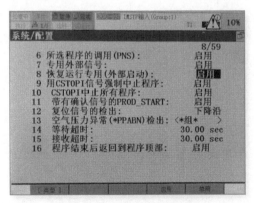

图3-20 停止功能参数设置界面

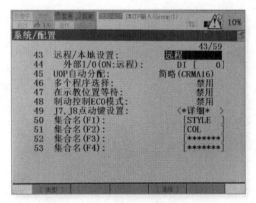

图3-21 远程/本地功能设置界面

5. TP编程

根据前面所述功能要求，本项目需要创建三个程序，并编写对应的程序功能：

1）RSR0001：机器人走一个三角形轨迹。

2）RSR0002：机器人走一个平面矩形轨迹。

3）RSR0003：机器人在两点之间来回摆动三次。

具体程序代码如下：

（1）程序 RSR0001

```
J   P[1]    100%    FINE                ；第一点
J   P[2]    100%    FINE                ；第二点
J   P[3]    100%    FINE                ；第三点
J   P[1]    100%    FINE                ；回第一点
```

（2）程序 RSR0002

```
J   P[1]    100%    FINE                ；第一点
J   P[2]    100%    FINE                ；第二点
J   P[3]    100%    FINE                ；第三点
J   P[4]    100%    FINE                ；第四点
J   P[1]    100%    FINE                ；回第一点
```

（3）程序 RSR0003

```
FOR R[1]=1 TO 3
J   P[1]    100%    FINE                ；第一点
J   P[2]    100%    FINE                ；第二点
ENDFOR
```

6.调试与运行

（1）准备工作

1）将运行速度降低到 50% 以下。

2）TP 非单步执行状态。

3）将 TP 开关置于 OFF。

4）控制面板上的模式开关置于 AUTO 档。

5）按下按钮 SB7，使 UI[5]=ON，清除系统报警信号。

（2）查看系统输入 / 输出参数 UI/UO 的状态

1）初始时 UI[1]、UI[2]、UI[3]、UI[8]=ON。

2）UO[1]=ON（遥控条件满足，表明已经进入遥控状态）。

（3）启动控制

1）按下按钮 SB1，则 UI[9]=ON；同时程序 RSR0001 启动，机器人走出一个三角形轨迹。

2）按下按钮 SB2，则 UI[10]=ON；同时程序 RSR0002 启动，机器人走出一个矩形轨迹。

3）按下按钮 SB3，则 UI[11]=ON；同时程序 RSR0003 启动，机器人重复三次在两点间摆动。

4）先后按下按钮 SB1、SB2，机器人先走出一个三角形轨迹，再走出一个矩形轨迹后停止。

（4）停止控制

1）停止功能测试：先后按下按钮 SB1、SB2、SB3，在运行过程中，按下停止按钮 SB4，机器人立即中止所有运行程序和排队程序；若此时再按下继续运行按钮 SB6，机器人继续运行当前停止的程序，但所有排队程序不再执行；如果在按下按钮 SB4 后按下的是启动按钮 SB1/SB2/SB3，则重新启动对应的程序。

2）暂停功能测试：先后按下按钮 SB1、SB2、SB3，在运行过程中，按下暂停按钮 SB5，机器人立即暂停运行程序和排队程序；若此时再按下继续运行按钮 SB6，机器人继续运行当前暂停的程序和所有排队程序。

3.4　PNS方式远程控制实例

3.4.1　PNS方式的程序选择

程序编号选择 (PNS) 是从遥控装置选择程序的一种功能，PNS 程序编号通过 8 个 PNS1 ~ PNS8 的输入信号来指定。控制装置通过 PNSTROBE UI[17] 脉冲输入将 PNS1 ~ PNS8 输入信号作为二进制数读出，将所读出的 PNS1 ~ PNS8 信号编号转换为十进制数后的值就是 PNS 号码。

PNS方式远程
启动控制

机器人 PNS 程序名为 7 位：PNS+4 位数字。其中，4 位数字 =[PNS 基数 +PNS 号码]，不足 4 位时在前面补 0, 如 PNS0001、PNS0105 等。

在 PNS1 ~ PNS8 输入信号中, 若全为 OFF, 即 PNS1 ~ PNS8 信号编号为零的情况下, 系统进入没有选择任何程序的状态, 所以, PNS 一共有 255 个程序可以外部启动。

【例 3-2】如图 3-22 所示, 设置 PNS 基数为 100, 那么, 当 PNS8 ~ PNS1=00100110 时, PNS 程序号码的数字 =100+38=138, 不足 4 位, 前面补 0。所以, 最终选择的程序名为 "PNS0138"。

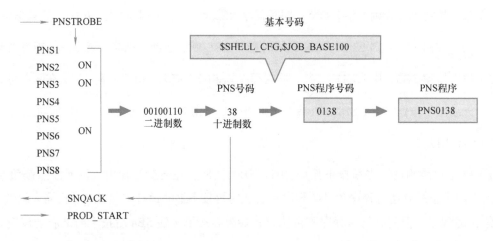

1. 输入PNSTROBE信号。
2. 读出PNS1~PNS8信号后将其变换为十进制数。
3. 具有所选PNS程序号码的PNS程序被设定为当前所选的程序。
4. 启动由PROD_START信号选择的PNS程序。

图3-22　PNS程序命名规则

> 注意　PNS 方式与 RSR 方式不同, PNS 方式需要 PNS1 ~ PNS8 和 PNSTROBE 共同完成一个程序的选择, 并且, 当有程序正在执行或中断时, PNSTROBE 信号被忽略。所以, PNS 方式不能实现多个程序的排队执行。

3.4.2　PNS方式的控制时序

PNS 方式的控制时序如图 3-23 所示。在遥控条件成立的情况下, 即 CMDENBL UO[1] 为 ON 时, 机器人接收到滤波信号 PNSTROBE(UI[17])上升沿后, 以大约 15ms 为间隔读出 PNS1 ~ PNS8 信号两次, 将其转换为十进制数, 同时作为确认而输出 SNO1 ~ SNO8, 几乎与此同时输出确认信号 SNACK(UO[19]), 外部设备根据该确认信号发出自动运转启动输入信号 PROD_START(UI[18]), 下降沿有效, 即保持 ON 100ms 以上, 再转为 OFF, 则相应的 PNS 程序启动(如例 3-2 中的 PNS0138), 同时发出 PROGRUN 信号(UO[3])。

总之, PNS 方式虽然控制流程较为复杂, 但具有确认应答环节, 因而安全性较高。

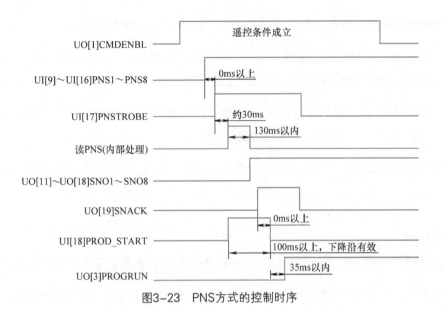

图3-23　PNS方式的控制时序

3.4.3　PNS方式启停控制流程

PNS 方式的启停控制流程如下。

（1）机器人程序 PNS**** 功能编写

（2）机器人设置

1）UI[1] ~ UI[18] 对应 DI[101] ~ DI[118]，如图 3-24 所示。UO[1] ~ UO[20] 对应 DO[101] ~ DO[120]，如图 3-25 所示。

图3-24　UI与DI信号的关联

图3-25　UO与DO信号的关联

2）机器人程序选择：PNS 方式，设定基数。

3）机器人系统参数设置：PNS 方式、远程控制及外部信号启用等。

4）关 TP，AUTO 档。

（3）外部设备操作

1）外部设备发送初始化命令：UI[1]、UI[2]、UI[3] 和 UI[8] 均为 ON。

2）外部设备选择 PNS1～PNS8 状态，并发出程序选择命令 PNSTROBE UI[17]=ON，机器人选择相应程序，并发出反馈信号 SNACK（UO[11]）和 SNO1（UO[9]）～SNO8（UO[16]）。

3）外部设备根据反馈信号确认是否启动机器人程序。如果需要启动，则发送启动信号 PROD_START（UI[18]），机器人启动已经选定的程序。

4）外部设备发送停止、暂停、暂停后重启等命令，机器人进行相应的启停运动。

3.4.4　PNS方式启停机器人项目实施

1. 功能要求

利用 FANUC 工业机器人的 CRMA15 I/O 板进行 PNS 方式的启停控制，要求如下：

1）仅 PNS1 开关 =ON 时，选择 PNS0101 程序，使机器人走出一个三角形轨迹；仅 PNS2 开关 =ON 时，选择 PNS0102 程序，使机器人走出一个平面矩形轨迹；PNS1 开关 =ON，PNS2 开关 =ON 时，选择 PNS0103 程序，使机器人在两点之间来回摆动 3 次。

2）按下启动询问按钮（PNSTROBE UI[17]），机器人发出反馈信号 SNACK UO[11]，即指示灯点亮（点亮时间可设定）。

3）按下启动按钮（PROD_START UI[18]），机器人启动已经选定的程序。

4）具有停止运行功能：在运行过程中，按下停止按钮 SB4，机器人立即中止运行程序。

5）具有暂停和继续运行的功能：在运行过程中，按下暂停按钮 SB5，机器人立即暂停运行程序；若此时再按下继续运行按钮 SB6，机器人继续运行当前暂停的程序。

2. 地址分配

PNS 方式需要用到 UI/UO 信号和 DI/DO 信号，并且要实现关联，为了减少操作，需要在初始时 UI[1]、UI[2]、UI[3] 和 UI[8] 均为 ON。

（1）DI 信号与 UI 信号　PNS 方式需要用到的数字输入信号 DI 及与之关联的系统输入信号 UI 见表 3-4。

（2）DO 信号与 UO 信号　PNS 方式需要用到的数字输出信号 DO 及与之关联的系统输出信号 UO 见表 3-5。

（3）地址分配　打开示教器 DI 分配界面，给 DI[101]～DI[110] 分配为机架 48，槽号 1，开始点 1；切换为 DO 分配界面，给 DO[101]～DO[108] 分配为机架 48，槽号 1，开始点 1。

表3-4 PNS方式DI与UI地址对应关系表

数字输入信号 DI			系统输入信号 UI		
名称	地址	说明	名称	地址分配（机架，槽号，开始点）	说明
清除错误报警按钮 SB7	DI[107]	UI[5]=ON时，清除所有错误报警	UI[5]	48，1，7	RESET
初始化按钮 SB0	DI[108]	使 UI[1]、UI[3]、UI[8]=ON，若采用常闭接入，可省略手动按下的操作	UI[1]	48，1，8	始终保持为 ON 的状态
			UI[3]	48，1，8	
			UI[8]	48，1，8	
选择开关 K1	DI[101]	PNS1 信号	UI[9]	48，1，1	PNS1
选择开关 K2	DI[102]	PNS2 信号	UI[10]	48，1，2	PNS2
询问按钮 SB3	DI[103]	PNSTROBE 信号	UI[17]	48，1，3	询问信号
程序启动按钮 SB8	DI[109]	PROD_START 信号	UI[18]	48，1，9	启动信号
停止按钮 SB4	DI[104]	高电平有效，使循环停止信号 UI[4]=ON	UI[4]	48，1，4	停止信号 CSTOPI
暂停按钮 SB5	DI[105]	常闭接入，使暂停信号 UI[2]=ON	UI[2]	48，1，5	暂停信号 HOLD
重启（继续运行）按钮 SB6	DI[106]	高电平有效，使继续运行信号（START）UI[6]=ON	UI[6]	48，1，6	继续运行信号 START

表3-5 PNS方式UO与DO地址对应关系表

数字输出信号 DO			系统输出信号 UO		
名称	地址	说明	名称	地址分配	说明
指示灯 L1	SNACK	反馈信号	UO[9]	48，1，1	为 ON 时，表明机器人准备完毕
指示灯 L2	PROGRUN	程序正在运行的信号	UO[3]	48，1，3	为 ON 时，表明机器人正在运行程序

打开示教器 UI 分配界面，给表3-4 中的所有 UI 进行地址分配；切换为 UO 分配界面，将 UO[3] 分配在机架48，槽号1，开始点3，UO[11] 分配在机架48，槽号1，开始点1。

重启机器人。此时，机器人的 DI[101]~DI[110] 对应 CRMA15 板的1#~10#，且 UI 与 DI 实现了有效关联；DO[101]~DO[108] 对应 CRMA15 板的33#~40#，UO 与 DO 也实现了有效关联。初始时的 UI[1]、UI[2]、UI[3] 和 UI[8] 均为 ON。

3. 硬件接线

（1）输入信号接线

初始化按钮 SB0 —— CRMA15：8 # —— DI[108]（接常闭触点，省略操作）

选择开关 K1 —— CRMA15：1 # —— DI[101]

选择开关 K2 —— CRMA15：2 # —— DI[102]

询问按钮 SB3 —— CRMA15：3 # —— DI[103]

停止按钮 SB4 —— CRMA15：4 # —— DI[104]

暂停按钮 SB5 —— CRMA15：5 # —— DI[105]（接常闭触点）

继续运行按钮 SB6 —— CRMA15：6 # —— DI[106]

清除错误报警按钮 SB7 —— CRMA15：7 # —— DI[107]

程序启动按钮 SB8 —— CRMA15：9 # —— DI[109]

（2）输出信号接线

指示灯 L1 —— CRMA15：33 # —— DO[101]（反馈信号）

指示灯 L2 —— CRMA15：35 # —— DO[103]（程序运行信号）

硬件接线如图 3-26 所示。

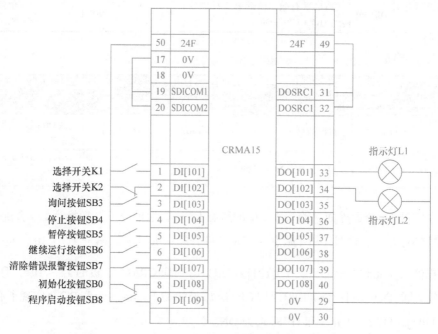

图3-26　PNS方式硬件接线图

4. 系统配置

（1）程序选择设置　PNS 方式程序选择主要需要配置以下三个参数：

1）选择 PNS 方式。

2）设置基数。

3）设置反馈信号 SNACK（UO[11]）的脉宽。

具体操作步骤如下：

① 点击【MENU】→【6 设置】→【1 选择程序】，如图 3-27 所示。

② "1 程序选择模式"设置为 PNS，然后点击【详细】，如图 3-28 所示。

③ 设置 "2 基数"为 0，如图 3-29 所示。

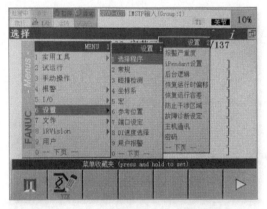

图3-27　PNS程序选择界面的操作（1）

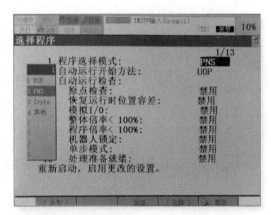

图3-28　PNS程序选择界面的操作（2）

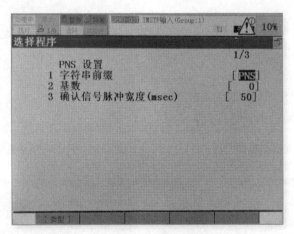

图3-29　PNS程序选择界面的操作（3）

④ 设置反馈信号 SNACK（UO[11]）的脉宽，即图 3-29 中的 "3 确认信号脉冲宽度（msec）"，如设为 1000ms=1s，即当询问按钮按下时，指示灯 L1 亮 1s 后熄灭，表明程序已经选择成功，可以启动 PNS 程序。

（2）系统参数配置　采用 PNS 方式启动程序主要需要配置以下几个参数：

1）7 专用外部信号。

2）8 恢复运行专用（外部启动）。

3）9 用 CSTOPI 信号强制中止程序。

4）10 CSTOPI 中止所有程序。

5）11 带有确认信号的 PROD_START。

6）43 远程 / 本地设置。

具体操作步骤如下：

① 点击【MENU】→【0 下页】→【6 系统】→【5 配置】，如图 3-30 所示。

② 启用"7 专用外部信号"和"8 恢复运行专用（外部启动）"，如图 3-31 所示。

③ 启用"9 用 CSTOPI 信号强制中止程序"和"10 CSTOPI 中止所有程序"，如图 3-32 所示。

④ 将启用"11 带有确认信号的 PROD_START"，如图 3-33 所示。

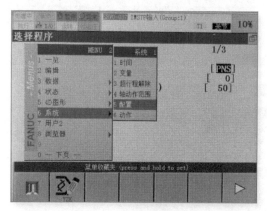

图3-30　PNS方式系统参数配置的操作（1）

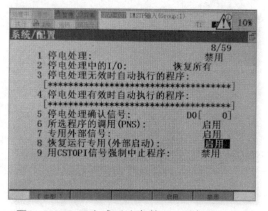

图3-31　PNS方式系统参数配置的操作（2）

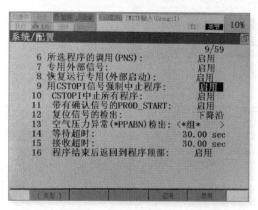

图3-32　PNS方式系统参数配置的操作（3）

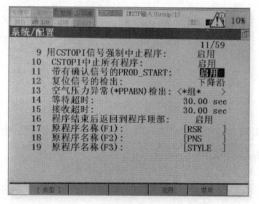

图3-33　PNS方式系统参数配置的操作（4）

⑤ 将"43 远程 / 本地设置"改为"远程",如图 3-34 所示。

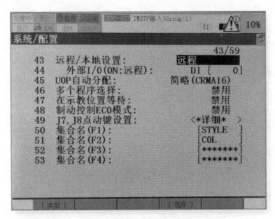

图3-34　PNS方式系统参数配置的操作(5)

5. TP编程

本实例需要新建以下三个程序,并编写对应的程序功能:

1)PNS0001:机器人走出一个三角形轨迹。

2)PNS0002:机器人走出一个平面矩形轨迹。

3)PNS0003:机器人在两点之间来回摆动三次。

具体程序代码如下:

(1)程序 PNS0001

J	P[1]	100%	FINE	;第一点
J	P[2]	100%	FINE	;第二点
J	P[3]	100%	FINE	;第三点
J	P[1]	100%	FINE	;回第一点

(2)程序 PNS0002

J	P[1]	100%	FINE	;第一点
J	P[2]	100%	FINE	;第二点
J	P[3]	100%	FINE	;第三点
J	P[4]	100%	FINE	;第四点
J	P[1]	100%	FINE	;回第一点

（3）程序 PNS0003

FOR R[1]=1 TO 3

J　P[1]　　100%　　FINE　　　　　　　　　　；第一点

J　P[2]　　100%　　FINE　　　　　　　　　　；第二点

ENDFOR

6. 调试与运行

（1）准备工作

1）将运行速度降低到 50% 以下。

2）TP 非单步执行状态。

3）将 TP 开关置于 OFF。

4）控制面板上的模式开关置于 AUTO 档。

5）按下按钮 SB7，使 UI[5]=ON，清除系统报警信号。

（2）查看系统输入 / 输出参数 UI/UO 的状态

1）初始时 UI[1]、UI[2]、UI[3]、UI[8]=ON。

2）UO[1]=ON（遥控条件满足，表明已经进入遥控状态）。

（3）启动控制

1）仅 K1=ON，则 UI[9]=ON，PNS 号码 =0000 0001=1，基数 =0，所以选定程序为 PNS0001；仅 K2=ON，则 UI[10]=ON，PNS 号码 =0000 0010=2，基数 =0，所以选定程序为 PNS0002；若 K1=ON，K2=ON，则 UI[9]、UI[10] 均为 ON，PNS 号码 =0000 0011=3，基数 =0，所以选定程序为 PNS0003。先进行 K1=ON，K2=OFF 操作。

2）按下询问按钮 SB3，若机器人处于空闲状态，则输出反馈信号 SNACK UO[11]，相应的指示灯 L1 亮 1s 后熄灭。

3）如果反馈正确，保持询问按钮 SB3 不松开的同时，按下启动按钮 SB8，机器人启动对应程序 PNS0001，机器人走出一个三角形轨迹。在程序运行过程中，指示灯 L2 保持点亮，程序执行完毕，灯灭。

4）依次改变 K1、K2 的状态，再按下按钮 SB3，指示灯 L1 点亮 1s。按下按钮 SB8，可启动其他两个程序，完成对应的功能。

（4）停止控制

1）停止功能测试：在机器人程序运行时，按下停止按钮 SB4，机器人立即中止所有运行的程序。

2）暂停功能测试：在机器人程序运行时，按下暂停按钮 SB5，机器人立即暂停所有运行的程序。若此时再按下继续运行按钮 SB6，机器人继续运行当前暂停的程序。

3.5 STYLE方式远程控制实例

3.5.1 STYLE方式的程序选择

STYLE方式远程
启动控制

与 RSR 和 PNS 方式类似，STYLE 启动也是从遥控装置选择程序运行的一种方式。STYLE 程序号码通过 STYLE1 ~ STYLE8 8个输入信号来指定。与 PNS 方式相同，控制装置将 STYLE1 ~ STYLE8 输入信号作为二进制数读出，转换为十进制数后就是 STYLE 号码。

STYLE 启动，只需要在各个 STYLE 号码中设定希望启动的程序。但与 RSR 方式和 PNS 方式不同的是，STYLE 方式对程序名称没有特殊要求。

【例 3-3】 如图 3-35 所示，当 STYLE8 ~ STYLE1=00011010 时，STYLE 号码的数字 = 26，所以选择的程序应为 STYLE26 中设定的程序。如图 3-35 所示，最终选择的程序名应为 TEST。其中，STYLE 程序设定方法详见后面实例中的相关介绍。

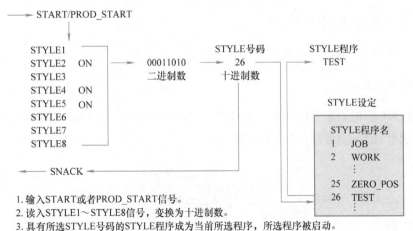

图3-35 STYLE方式的程序选择规则

3.5.2 STYLE方式的控制时序

STYLE方式的控制时序如图3-36所示。在遥控条件成立的情况下，即CMDENBL UO[1]为ON，当输入信号STYLE1~STYLE8不等于00000000时，机器人接收到启动信号START（UI[6]）或PROD_START（UI[18]）后，读出STYLE1~STYLE8的二进制号码，将其转换为十进制数，从STYLE号码中选择程序，并启动所选程序，同时发出PROGRUN信号（UO[3]）。

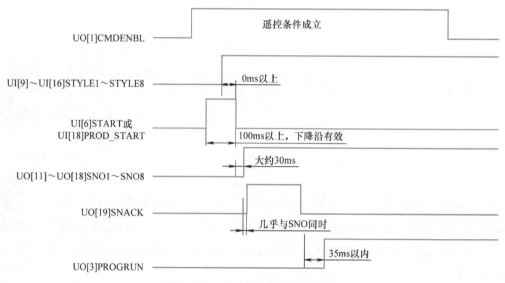

图3-36 STYLE方式的控制时序

STYLE方式与RSR方式一样，虽然在选定好程序后，会作为确认而输出SNO1~SNO8，几乎与此同时输出确认信号SNACK（UO[11]），但机器人并没有等待外部设备再次发出启动信号之后再启动程序，而是直接启动了已经选择的程序。可见，STYLE方式既具有RSR方式的简便性，又不受程序名的制约。

3.5.3 STYLE方式的启停控制流程

STYLE方式的启停控制流程如下：

（1）机器人程序功能编写，名称自定义即可

（2）机器人设置

1）UI[1]~UI[18]对应DI[101]~DI[118]，如图3-37所示。STYLE没有实质的机器人反馈信号，所以这里UO不需要用到，省略分配。

图3-37 UI与DI信号的关联

2）机器人程序选择：STYLE 方式。

3）机器人系统参数设置：与 RSR 方式类似。

4）关 TP，AUTO 档。

（3）外部设备操作

1）外部设备发送初始化命令：UI[1]、UI[2]、UI[3] 和 UI[8] 均为 ON。

2）外部设备选择 STYLE1 ~ STYLE8 的输入信号状态，UI[18] 或 UI[6] 发出启动命令，机器人选定由 STYLE1 ~ STYLE8 状态决定的 STYLE 号码及事先设定的程序，正式启动程序。

3）外部设备发送停止命令 UI[4]=ON 或暂停命令 UI[2]=ON，机器人停止运行。

3.5.4 STYLE方式启停机器人项目实施

1. 功能要求

利用 FANUC 工业机器人的 CRMA15 I/O 板进行 STYLE 方式的启停控制，要求如下：

1）仅 STYLE1 开关 =ON 时，按下启动按钮（PROD_START UI[18]），机器人启动 PNS0001 程序，使机器人走出一个三角形轨迹。

2）仅 STYLE2 开关 =ON 时，按下启动按钮（PROD_START UI[18]），机器人启动 TEST1 程序，使机器人走出一个平面矩形轨迹。

3）STYLE1 开关 =ON，STYLE2 开关 =ON 时，按下启动按钮（PROD_START UI[18]），机器人启动 TEST2 程序，使机器人在两点之间来回摆动 3 次。

4）具有停止运行功能：在运行过程中，按下停止按钮 SB4，机器人立即中止运行程序。

5）具有暂停和继续运行的功能：在运行过程中，按下暂停按钮 SB5，机器人立即暂停运行程序；若此时按下继续运行按钮 SB6，机器人继续运行当前暂停的程序。

2. 地址分配

STYLE 方式主要用到 UI 信号和 DI 信号，并且要实现两者的关联，为了减少操作，需要在初始时 UI[1]、UI[2]、UI[3] 和 UI[8] 均为 ON。

（1）DI 信号与 UI 信号　与 RSR 方式类似，STYLE 方式的启停控制属于单向控制，不需要用到实质的反馈信号，所以省略输出信号 DO 及与之对应的 UO 信号。需要用到的数字输入信号 DI 及与之关联的系统输入信号 UI 见表 3-6。

（2）地址分配　打开示教器 DI 分配界面，给 DI[101] ~ DI[110] 分配为机架 48，槽号 1，开始点 1；打开示教器 UI 分配界面，为表 3-6 中的所有 UI 进行地址分配。

表 3-6　STYLE 方式 DI 与 UI 地址对应关系表

数字输入信号 DI			系统输入信号 UI		
名称	地址	说明	名称	地址分配 （机架，槽号，开始点）	说明
清除错误报警按钮 SB7	DI[107]	UI[5]=ON 时，清除所有错误报警	UI[5]	48，1，7	RESET
初始化按钮 SB0	DI[108]	使 UI[1]、UI[3]、UI[8]=ON，若采用常闭接入，可省略手动按下的操作	UI[1]	48，1，8	始终保持为 ON 的状态
			UI[3]	48，1，8	
			UI[8]	48，1，8	
选择开关 K1	DI[101]	STYLE1 信号	UI[9]	48，1，1	STYLE1
选择开关 K2	DI[102]	STYLE2 信号	UI[10]	48，1，2	STYLE2
启动按钮 SB3	DI[103]	程序启动信号	UI[18]	48，1，3	PROD_START 启动信号
停止按钮 SB4	DI[104]	高电平有效，使循环停止信号 UI[4]=ON	UI[4]	48，1，4	停止信号 CSTOPI
暂停按钮 SB5	DI[105]	常闭接入，使暂停信号 UI[2]=ON	UI[2]	48，1，5	暂停信号 HOLD
重启（继续运行）按钮 SB6	DI[106]	使继续运行信号（START）UI[6]=ON	UI[6]	48，1，6	继续运行信号 START

重启机器人。此时，机器人的 DI[101]～DI[110] 对应 CRMA15 板的 1#～10#，且 UI 与 DI 实现了有效关联。初始时的 UI[1]、UI[2]、UI[3] 和 UI[8] 均为 ON。

3. 硬件接线

初始化按钮 SB0 —— CRMA15：8 # —— DI[108]（接常闭触点，省略操作）

选择开关 K1 —— CRMA15：1 # —— DI[101]

选择开关 K2 —— CRMA15：2 # —— DI[102]

启动按钮 SB3 —— CRMA15：3 # —— DI[103]

停止按钮 SB4 —— CRMA15：4 # —— DI[104]

暂停按钮 SB5 —— CRMA15：5 # —— DI[105]

继续运行按钮 SB6 —— CRMA15：6 # —— DI[106]

清除错误报警按钮 SB7 —— CRMA15：7 # —— DI[107]

硬件接线如图 3-38 所示。

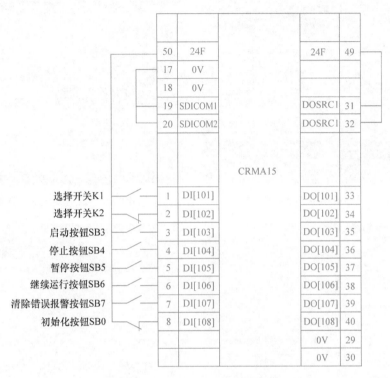

图3-38　STYLE方式的硬件接线图

4. 系统配置

（1）程序选择设置　STYLE方式程序选择主要需要配置以下两个参数：

1）选择STYLE方式。

2）设置STYLE号码的对应程序。

具体操作步骤如下：

① 点击【MENU】→【6 设置】→【1 选择程序】，如图3-39所示。

② 打开程序选择页面，选择【3 Style】，如图3-40所示。

③ 点击【详细】，进入Style表设置界面，如图3-41所示。

④ 在Style号码后添加要启动的程序，点击【选择】，如图3-42所示。

⑤ 依次在相应的Style号码后添加要启动的程序即可。

如图3-43所示，当仅有STYLE1=ON，即STYLE8～STYLE1=00000001时，选择程序为PNS0001；当STYLE8～STYLE1=00000010时，选择程序为TEST1，以此类推。

STYLE方式
远程控制的
机器人配置

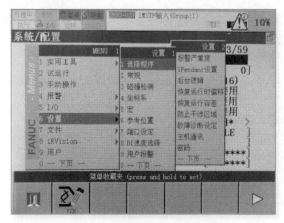

图3-39　STYLE方式程序选择操作（1）

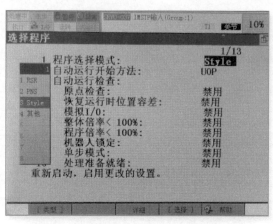

图3-40　STYLE方式程序选择操作（2）

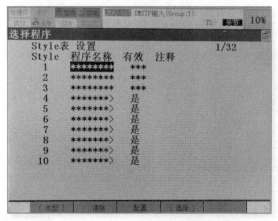

图3-41　STYLE方式程序选择操作（3）

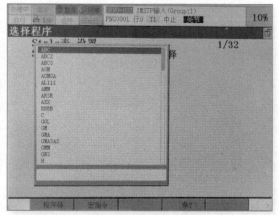

图3-42　STYLE方式程序选择操作（4）

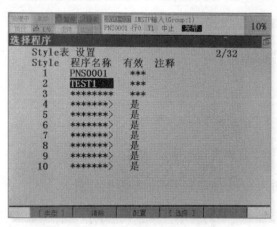

图3-43　STYLE方式程序选择操作（5）

（2）系统参数配置　采用STYLE方式启动程序主要需要配置以下几个参数：

1）7专用外部信号。

2）8恢复运行专用（外部启动）。

3）9 用 CSTOPI 信号强制中止程序。

4）10 CSTOPI 中止所有程序。

5）43 远程 / 本地设置。

具体操作步骤与 RSR 方式的系统参数配置方式类似，可参考前面的 RSR 方式项目实施的案例。

5. TP编程

本项目需要新建以下三个程序，并编写对应的程序功能：

1）PNS0001：机器人走出一个三角形轨迹。

2）TEST1：机器人走出一个平面矩形轨迹。

3）TEST2：机器人在两点之间来回摆动三次。

具体程序代码如下：

（1）程序 PNS0001

```
J   P[1]    100%   FINE                  ;第一点
J   P[2]    100%   FINE                  ;第二点
J   P[3]    100%   FINE                  ;第三点
J   P[1]    100%   FINE                  ;回第一点
```

（2）程序 TEST1

```
J   P[1]    100%   FINE                  ;第一点
J   P[2]    100%   FINE                  ;第二点
J   P[3]    100%   FINE                  ;第三点
J   P[4]    100%   FINE                  ;第四点
J   P[1]    100%   FINE                  ;回第一点
```

（3）程序 TEST2

```
FOR R[1]=1 TO 3
J   P[1]    100%   FINE                  ;第一点
J   P[2]    100%   FINE                  ;第二点
ENDFOR
```

6. 调试与运行

（1）准备工作

1）将运行速度降低到 50% 以下。

2）TP 非单步执行状态。

3）将 TP 开关置于 OFF。

4）控制面板上的模式开关置于 AUTO 档。

5）按下按钮 SB7，使 UI[5]=ON，清除系统报警信号。

（2）查看系统输入 / 输出参数 UI/UO 的状态　初始时 UI[1]、UI[2]、UI[3]、UI[8]=ON。

（3）启动控制

1）仅 STYLE1 开关 =ON 时，按下启动按钮 SB3（PROD_START UI[18]），机器人启动 PNS0001 程序，使机器人走出一个三角形轨迹。

2）仅 STYLE2 开关 =ON 时，按下启动按钮 SB3（PROD_START UI[18]），机器人启动 TEST1 程序，使机器人走出一个平面矩形轨迹。

3）STYLE1 开关 =ON，STYLE2=ON 时，按下启动按钮 SB3（PROD_START UI[18]），机器人启动 TEST2 程序，使机器人在两点之间来回摆动三次。

（4）停止控制

1）停止功能测试：在机器人程序运行时，按下停止按钮 SB4，机器人立即中止所有运行的程序。

2）暂停功能测试：在机器人程序运行时，按下暂停按钮 SB5，机器人立即暂停所有运行的程序；若此时按下继续运行按钮 SB6，机器人继续运行当前暂停的程序。

第4章
CHAPTER 4

机器视觉与机器人智能
分拣系统集成

机器视觉用机器代替人眼来做测量和判断，极大地减轻了人工检测的工作强度，提高了生产率，解决了危险工作环境中的产品或生产过程的检测难题，也更有利于提高生产自动化程度，是未来产品质量检测和定位的发展趋势。了解机器视觉是学习机器人系统集成必不可少的重要环节。本章通过一个机器人智能分拣系统的集成案例介绍 FANUC 机器视觉系统 iRVision 的应用。

知识目标

1. 了解机器视觉系统的基本组成。
2. 理解视觉控制的基本原理与工作流程。
3. 掌握 FANUC 机器视觉系统 iRVision 相关函数的含义与应用。

技能目标

1. 掌握机器人工具坐标与用户坐标的创建方法。
2. 掌握 FANUC 工业相机和物料模型示教与识别的基本应用。
3. 掌握机器视觉在机器人智能分拣系统中的项目实施过程。

思维导图

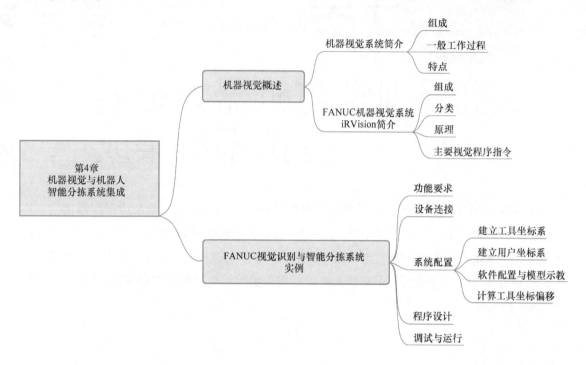

4.1 机器视觉概述

4.1.1 机器视觉系统简介

1. 机器视觉系统的组成

机器视觉是指用机器代替人眼来做测量和判断。机器视觉是包括图像处理、机械工程、控制、电光源照明、光学成像、传感器、模拟与数字视频和计算机软硬件（图像增强与分析算法、图像采集卡及 I/O 板等）的综合技术，具有高自动化、高效率、高精度和使用环境限制少等优势。

一个典型的机器视觉系统通常由以下几个部分组成：

1）相机与镜头。这部分属于成像器件，通常的视觉系统都是由一套或多套这样的成像系统组成的。应按照不同应用场合选用合适的相机。相机可能是输出标准的单色视频（RS-170/CCIR）、复合信号（Y/C）或 RGB 信号，也可能是非标准的逐行扫描信号、线扫描信号或高分辨率信号等。

选择镜头应注意焦距、目标高度、影像高度、放大倍数、影像至目标的距离以及畸变等因素。

2）光源与控制装置。光源作为辅助成像器件，对成像质量的好坏往往能起到至关重要的作用。光源可分为可见光和不可见光。常用的几种可见光源有白炽灯、荧光灯、汞灯和钠光灯。光源系统按其照射方法可分为背向照明、前向照明、结构光照明和频闪光照明。其中，背向照明是被测物放在光源和摄像机之间，它的优点是能获得高对比度的图像；前向照明是光源和摄像机位于被测物的同侧，这种方式便于安装；结构光照明是将光栅或线光源等投射到被测物上，根据它们产生的畸变，解调出被测物的三维信息；频闪光照明是将高频率的光脉冲照射到被测物上，可获得瞬间高强度照片，但摄像机拍摄要求与光源同步。

3）图像采集与处理装置。图像采集与处理装置主要用于将来自相机的模拟或数字信号转换成一定格式的图像数据流，以便后续用视觉分析软件进行图像处理与分析。同时，它还可以控制相机的一些参数，如触发信号、曝光时间和快门速度等。

4）视觉分析软件。视觉分析软件是视觉系统的核心，它能完成图像数据的预处理，通过一定的算法得出结果，这个输出结果可以是 TRUE/FALSE 信号、坐标位置数据及字符串识别结果等。

5）控制单元。一旦视觉分析软件完成图像分析，获得运行结果，就需要与外部单元进行通信，以完成对生产过程的控制。简单的控制可以直接利用自带的 I/O 点完成，相对复杂的逻辑／运动控制则需要依靠附加的 PLC 来实现。

2. 机器视觉系统的一般工作过程

机器视觉系统通过摄像机获取环境对象的图像，经 A-D 转换器转换成数字量，从而转变成数字化图形，传输到专用的图像处理器中，经过计算处理，获得物体的外形特征和空间位置，最后根据预设的阈值和其他条件输出结果，实现自动识别或定位。另外，作为机器人的"眼睛"，机器视觉系统还应具有调节焦距、光圈、放大倍数和摄像机角度的装置，如图 4-1 所示。

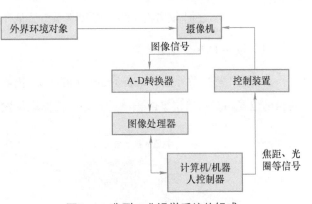

图4-1　典型工业视觉系统的组成

3. 机器视觉系统的特点

机器视觉系统具有以下特点：

1）非接触测量。对于视觉系统和被测物都不会产生任何损伤，从而提高系统的可靠性。在一些不适合人工操作或检测的危险工作环境或人工视觉难以满足要求的场合，常用机器视觉替代人工视觉。

2）具有较宽的光谱响应范围。机器视觉可以采用人眼看不见的红外测量，扩展了人眼的视觉范围。

3）连续性。机器视觉能够长时间稳定工作。人类难以长时间对同一对象进行观察，而机器视觉则可以长时间地做测量、分析和识别任务。

4）成本低、效率高、精度高。机器视觉系统的操作和维护费用非常低。在大批大量工业生产过程中，用人工视觉检测产品质量效率低、精度差，用机器视觉检测方法可以大大提高生产率。

5）易于实现信息集成，提高自动化程度。机器视觉系统可以快速获取大量易于处理的数据信息，并易于与设计信息、加工信息集成。因此，在自动化生产过程中，机器视觉被广泛地应用于工况监视、产品质量检测、质量控制和物料定位等领域。

6）灵活性。机器视觉系统能够进行各种不同的测量，当检测对象发生变化后，只需要将软件进行相应设置或升级以适应新的需求即可，具有较好的灵活性。

4.1.2　FANUC机器视觉系统iRVision简介

FANUC工业
机器人视觉系统
iRVision简介

1. 组成

FANUC 机器视觉系统 iRVision 的基本构成如图 4-2 所示，它主要由相机、镜头、相机电缆、照明装置和机器人控制装置等组成。

2. 分类

根据 iRVision 的补偿和测量方式的不同，iRVision 可进行以下分类：

（1）按照 Offset 补偿分类

1）用户坐标系补偿（User Frame Offset）。机器人在用户坐标系下通过 iRVision 检测目标的当前位置相对初始位置的偏移并自动补偿抓取位置。

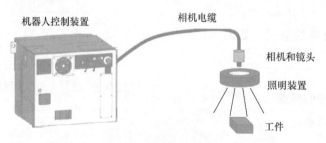

图4-2　FANUC机器视觉系统iRVision的组成

2）工具坐标系补偿（Tool Frame Offset）。机器人在工具坐标系下通过 iRVision 检测在机器人手爪上的目标当前位置相对初始位置的偏移并自动补偿放置位置。

（2）按照测量方式分类

1）2D 单视野检测（2D Single-View）和 2D 多视野检测（2D Multi-View）。iRVision 2D 只用于检测平面移动的目标（XY 轴位移、Z 轴旋转角度）。其中，用户坐标系必须平行于目标移动的平面，目标在 Z 轴方向上的高度必须保持不变。目标在 XY 轴方向上的旋转角度不会被计算在内。

2）2.5D 单视野检测（2.5D Single-View）。iRVision 2.5D 相比 iRVision 2D，除可以检测目标平面位移与旋转外，还可以检测 Z 轴方向上的目标高度变化。目标在 XY 轴方向上的旋转角度不会被计算在内。

3）3D 单视野检测（3D Single-View）和 3D 多视野检测（3D Multi-View）。iRVision 3D 用于检测目标在三维空间中的位移与旋转角度变化。

iRVision 测量分类如图 4-3 所示。

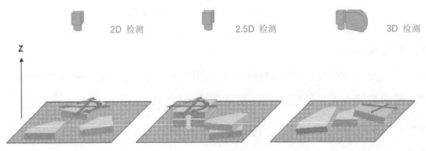

图4-3　iRVision测量分类示意图

3. 原理

工业机器人示教程序要以相同的方式对放置在工作台上的工件进行作业，必须每次都把工件放在相同的位置，iRVision 是为了排除这种制约而制作的视觉传感器。它使用相机对工件的位置进行测量，通过视觉位置补偿，找到工件的实际位置。

iRVision 视觉识别或搬运的关键是检测出目标对象，并测量目标对象的位置。它主要是通过对目标对象进行模型示教，提取目标对象的图像特征（如边沿形状、纹理特征等），逐点（或逐面）进行特征相关运算，根据预设的阈值和其他条件输出结果，实现自动识别或定位（拍摄图像坐标系中的位置）。iRVision 视觉识别的原理如图 4-4 所示。

iRVision 利用相机从所拍摄的图像中检测出目标对象，并测量出目标对象的位置，进行机器人的补正，需要将 iRVision

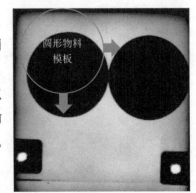

图4-4　iRVision视觉识别的原理示意图

检测出的图像坐标系中的位置数据变换为符合机器人动作基准的坐标系（用户坐标系或工具坐标系）上的位置数据。要实现该数据变换，必须对相机进行标定，建立机器人用户坐标系与图像坐标系（相机视场）之间的位置关系。

iRVision 的示教数据称为视觉数据。常用的视觉数据如下：

1）相机：连接相机的端口编号、相机的种类和相机的设置方法等。

2）相机标定：进行相机中所拍摄的图像坐标系与机器人动作坐标系（用户坐标系、工具坐标系）的相互关联。

3）视觉程序：设定生产线运转时 iRVision 所进行的图像处理等内容，主要用于模型的示教与图像的识别。

对 iRVision 进行示教，就是创建视觉数据后进行示教，然后存储在机器人控制器的寄存器中。在机器人编程时，为需要进行视觉位置识别的点均添加一个视觉补正命令 VOFFSET，即可实现视觉位置补偿，如：

L P[2] 300mm/sec FINE VOFFSET

4. 主要视觉程序命令

（1）视觉补正命令 VOFFSET　VOFFSET 是附加在机器人的动作命令上的附加命令，针对动作命令中已被示教的位置，使机器人移动到视觉补正后的实际位置上。

VOFFSET 有两种格式，分别是直接视觉补正和间接视觉补正。在直接视觉补正命令的句法中，直接指定参照哪一个视觉寄存器，格式如下：

L P[1] 500mm/sec FINE VOFFSET，VR[a]

间接视觉补正命令不指定视觉寄存器，它需要预先执行视觉补正条件命令：VOFFSET CONDITION VR[a]。间接视觉补正命令的格式如下：

L P[1] 500mm/sec FINE VOFFSET

（2）视觉补正条件命令 VOFFSET CONDITION　该命令预先确定间接视觉补正命令中所使用的补正条件，与间接视觉补正命令配合使用。格式如下：

VOFFSET CONDITION VR[a]

（3）进行检测命令 RUN_FIND　RUN_FIND 命令用于启动视觉程序，格式如下：

VISION RUN_FIND（视觉程序名）

（4）取得补偿数据命令 GET_OFFSET　GET_OFFSET 命令从视觉程序取得检出结果，将其存储在所指定的视觉寄存器中。当视觉程序检出多个目标对象时，反复执行 GET_OFFSET 命令；未检出目标对象或反复执行 GET_OFFSET 命令而没有获得更多的补偿数据时，跳转到指定的标签行 LBL[b]。格式如下：

VISION GET_OFFSET（视觉程序名）VR[a] JMP，LBL[b]

（5）取得测量个数命令 GET_NFOUND　GET_NFOUND 命令从视觉程序取得测量个数，将结果存储在指定的寄存器 R[a] 中。格式如下：

VISION GET_NFOUND（视觉程序名）R[a]

（6）取得判别结果命令 GET_PASSFAIL　GET_PASSFAIL 命令取得视觉程序判别结果，将其存储在指定的寄存器 R[a] 中。格式如下：

VISION GET_PASSFAIL（视觉程序名）R[a]

在寄存器中存储如下值：0——判断结果为 NG，1——判断结果为 OK，2——未能做出判断。

（7）取得读取结果命令 GET_READING　GET_READING 命令取得条形码阅读器视觉程序读取的条形码字符串，将其存储到指定的寄存器 SR[a] 中，并将字符串长度存储到指定的寄存器 R[b] 中，未检出时跳转到指定的标签行 LBL[c] 中。格式如下：

VISION GET_READING（视觉程序名）SR[a]R[b] JMP，LBL[c]

4.2　FANUC视觉识别与智能分拣系统实例

4.2.1　功能要求

在拍摄区随意放置多个圆形物料，启动机器人程序，机器人自动识别各个物料的中心位置，实现物料的智能分拣。系统硬件如图 4-5 所示。

工作流程如下：

1）初始状态：机器人复位（在视场外）。

2）拍摄与识别：摄像头拍摄照片，通过相机电缆传输到机器人控制箱，经过相机校准，根据事先示教好的物料模型进行图像处理，完成识别与定位，将图像坐标位置转换为用于机器人运动控制的用户坐标视觉补偿偏移量。

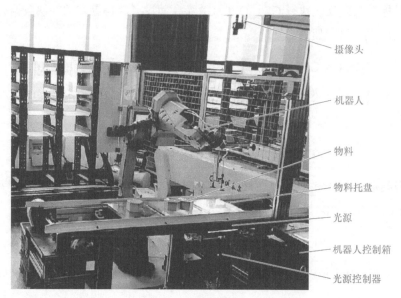

摄像头

机器人

物料

物料托盘

光源

机器人控制箱

光源控制器

图4-5　系统硬件

3）机器人搬运：机器人根据识别到的物料位置，依次完成物料的搬运，最后恢复到初始状态，以此循环。

4.2.2　设备连接

FANUC工业机器人控制器主板上的JRL7接口是专用于机器视觉系统iRVision的接口，当只使用一个照相机时，可将照相机直接连接到主板端口JRL7上。软件需求如下：

1）1A05B-2500-J868：iRVision Standard

2）1A05B-2500-J869：iRVision TPP I/F

3）1A05B-2500-J871：iRVision UIF Controls

4）1A05B-2500-J900：iRVision Core

5）1A05B-2500-J901：iRVision 2DV

6）1A05B-2500-J902：iRVision 3DL

FANUC工业机器人视觉系统配置可以直接通过示教器进行，也可以与计算机连接，通过安装必要的插件"视觉UIF控制"，用网址Http://10.10.10.1打开视觉的示教界面，如图4-6所示，完成机器人视觉系统的配置。

Ethernet连接见表4-1。

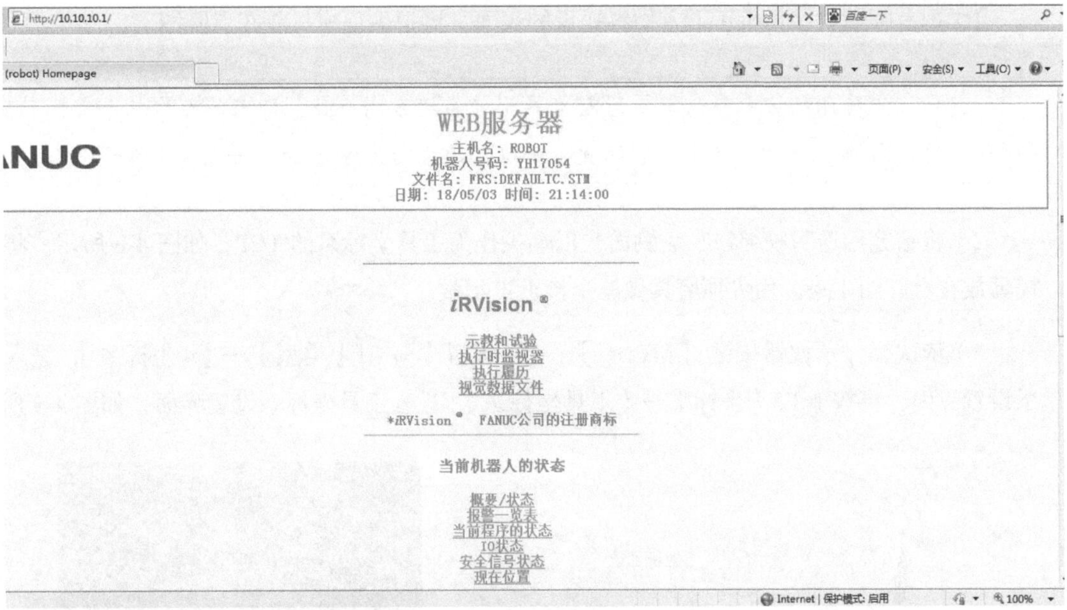

图4-6　计算机网址示教界面

表 4-1　Ethernet 连接

参数	机器人	计 算 机
IP 地址	10.10.10.1	10.10.10.x（与机器人处于同一网段，但不相同）
子网掩码	255.255.255.0	255.255.255.0
网关	10.10.10.1	10.10.10.1

4.2.3　系统配置

iRVision 进行视觉配置主要包含以下内容：

1）机器人创建工具坐标系和用户坐标系。

2）软件配置，包括创建相机、相机校准和模型示教。

下面根据视觉配置的先后顺序，逐一说明。

iRVision视觉
系统配置

1. 建立工具坐标系

机器视觉的准确性在很大程度上取决于坐标系的精准程度。本案例中的工具是吸盘，对准工具中心点（TCP）困难较大，因此，在工具吸盘旁边绑定一支笔，以笔尖为基准进行工具坐标系的创建和模型示教。后面编写程序时必须加上笔尖到吸盘的偏移量，进行位置补偿。

建立工具坐标系的方法有三点法、六点法和直接输入法等。为了准确示教，示教器采用六点法（XY平面）建立工具坐标系。具体操作步骤如下：

1）把点阵图放在相机正下方物料托盘的表面，再把尖顶模具放在点阵图上。

> **注意**　点阵图的方向最好与机器人世界坐标系的方向一致，即点阵图中三个大圆的圆心所确定的方向为 X 方向，两个大圆的圆心所确定的方向为 Y 方向，如图 4-7 所示。

2）将铅笔用透明胶绑在吸盘侧面，以笔尖作为工具坐标系的 TCP，如图 4-8 所示。将尖顶模具放在点阵图中央。用尖顶磨具做三个接近点示教。

3）依次操作示教器按键：【MENU】→【6 设置】→F1【类型】→【4 坐标系】，进入坐标系设置界面，再按下 F3【坐标】→【工具坐标系】，进入工具坐标系设置界面，如图 4-9 所示。

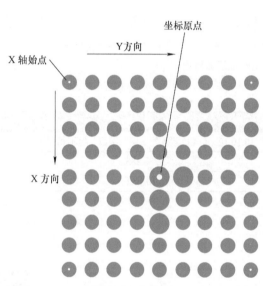

图4-7　点阵图

图4-8　笔尖替代TCP

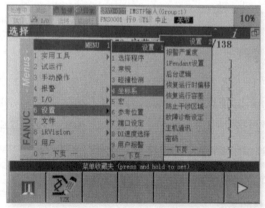
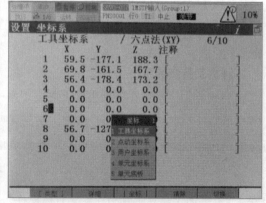

图4-9　六点法工具坐标系设置界面

4）将光标移到所需设置的工具坐标系号上，这里选择 6 号工具坐标系，按下 F4【清除】，清除原来的坐标系，再按下 F2【详细】，进入工具坐标系的详细界面，如图 4-10 所示。

5）按下 F2【方法】，选择六点法（XY）平面，进入六点法（XY）坐标系的创建界面，如图 4-11 所示。

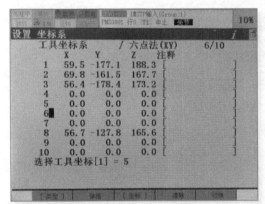
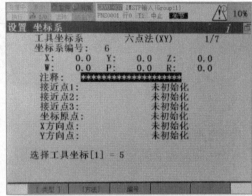

图4-10　工具坐标系详细界面

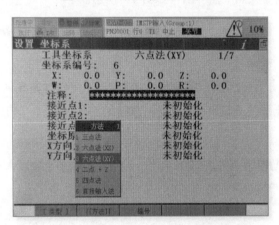

图4-11　六点法（XY）坐标系的创建界面

6）第一个接近点采用正常姿态接近尖顶模具，按下 F5【记录】。同理，尽量大地改变姿态，重新记录两个接近点。

7）拿走尖顶模具，只剩下点阵图，将点阵图的原点作为坐标原点，然后按【COORD】切换为世界坐标系，将工具末端示教到图 4-7 左下角带白点的小圆圆心位置，作为 X 方向，记录下来即可；再将工具末端示教到图 4-7 右上角带白点的小圆圆心位置，作为 Y 方向点即可。

8）按下【PREV】按键或重新按下【MENU】→【设置】→F1【类型】→【4 坐标系】，重新进入图 4-9 所示的坐标系设置界面，按下 F5【设定】，将新建的 6 号工具坐标系设置为当前工具坐标系。

9）最终的工具坐标系如图 4-12 所示。

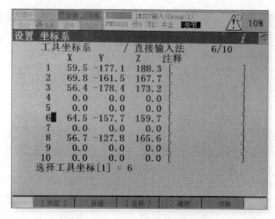

图4-12　六点法工具坐标系

2. 建立用户坐标系

建立用户坐标系的方法有三点法、四点法和直接输入法等。为了准确示教，示教器采用四点法建立用户坐标系。具体操作步骤如下：

1）把尖顶模具拿走，只剩下点阵图，如图4-7所示。

2）按下【MENU】→【设置】→F1【类型】→【4 坐标系】，重新进入如图4-9所示的坐标系设置界面。

3）按下F3【其他】，选择【3 用户坐标系】，进入用户坐标系界面。将光标移到所需设置的用户坐标系号上，这里选择6号坐标系，按下F4【清除】，清除原来的坐标系，如图4-13所示。

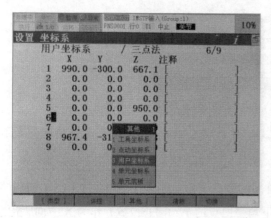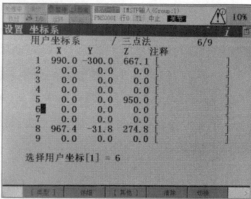

图4-13　进入用户坐标系界面

4）按下F2【详细】，显示坐标系的详细内容，再按下F2【方法】，选择【四点法】，进入用户坐标系的创建界面，如图4-14所示。

5）如图4-14所示，将点阵图上的 X 轴原点、X 轴方向点、Y 轴方向点和坐标原点依次示教即可。

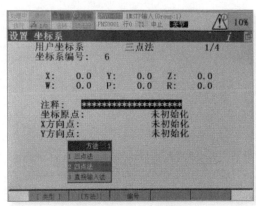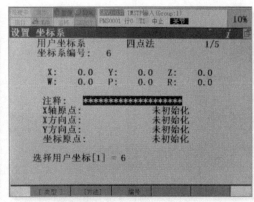

图4-14 四点法用户坐标系的创建界面

6）按下【PREV】按键或重新按下【MENU】→【设置】→F1【类型】→【坐标系】，重新进入如图4-9所示的坐标系设置界面。按下F5【设定】，将新建的6号用户坐标系设置为当前用户坐标系。

7）最终的用户坐标系如图4-15所示。

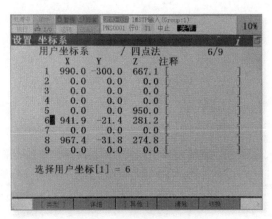

图4-15 四点法用户坐标系

8）继续保持点阵图不移动，后面进行相机校准时还需要用到。

3. 软件配置与模型示教

iRVision视觉系统应用的关键是软件配置和模型示教，具体操作步骤如下：

1）更改计算机IP为10.10.10.**，只要不是10.10.10.1即可。

2）接通机器人控制柜的网口到计算机，并用浏览器打开网址10.10.10.1，如图4-16所示，单击"示教和试验"，打开如图4-17所示的界面。

3）新建相机。

①在图4-17中，单击"视觉类型"，选择"1.相机"，进入iRVision的相机界面，如图4-18所示。

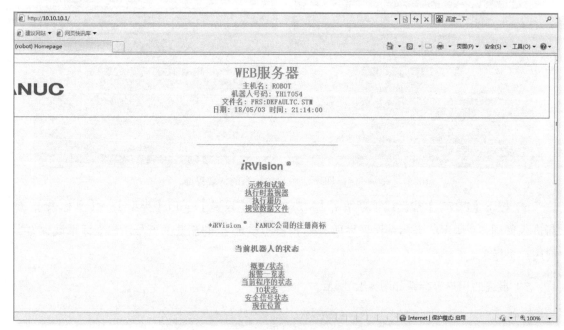

图4-16　iRVision软件示教界面（1）

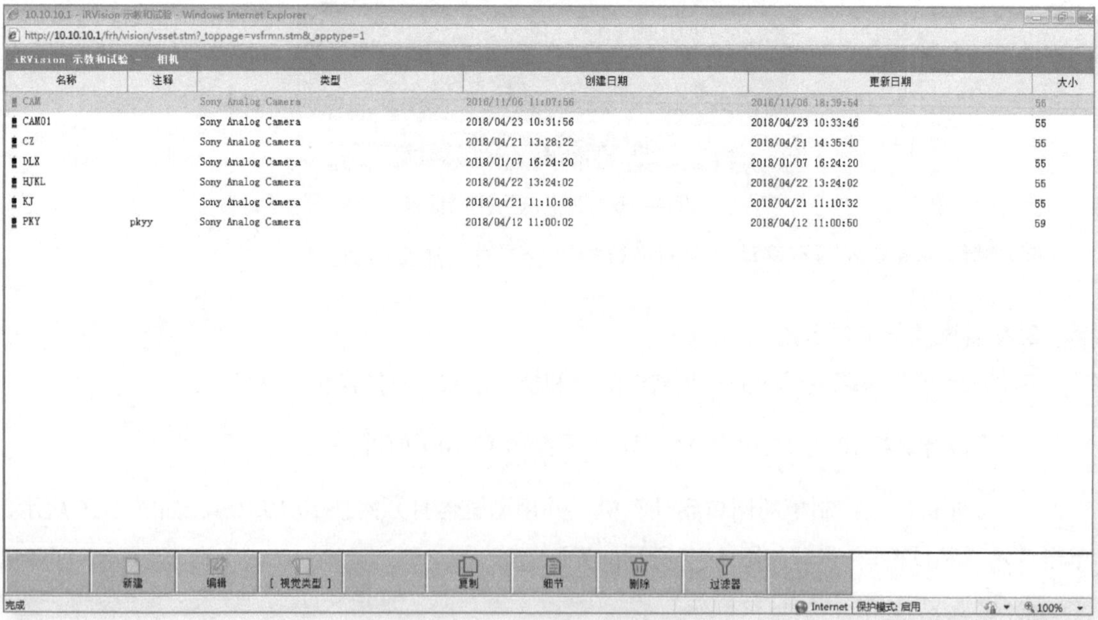

图4-17　iRVision软件示教界面（2）

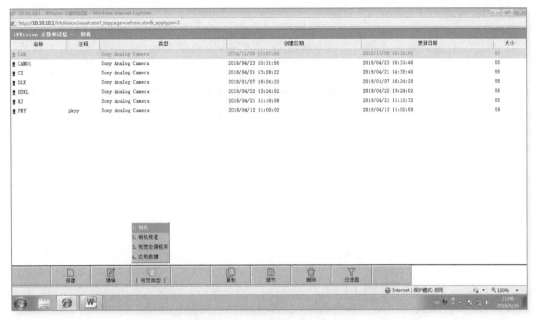

图4-18 示教和试验的相机界面

② 单击"新建",弹出创建相机的对话框,如图 4-19 所示。选择相机类型为 Sony Analog Camera,名称可自命名(如 yzk)。

图4-19 创建相机对话框

③ 单击"编辑",进入相机参数设置界面,如图 4-20 所示。选相机类型为 SONY XC-HR50,其他参数采用默认设置即可。单击"保存",再单击"结束编辑"退出,完成相机的创建。

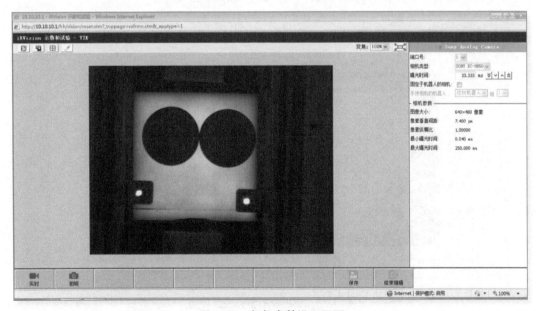

图4-20 相机参数设置界面

4）相机校准。

① 单击"视觉类型"，选择"2. 相机校准"，进入 iRVision 的相机校准界面，如图 4-21 所示。

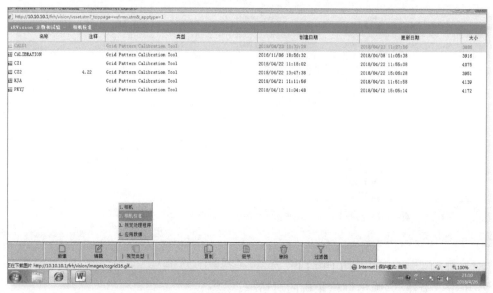

图4-21　示教和试验的相机校准界面

② 单击"新建"，弹出创建相机校准的对话框，如图 4-22 所示。选择相机校准类型为默认的"Grid Pattern Calibration Tool"，名称可自命名（如 yzk2）。

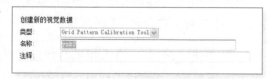

图4-22　创建相机校准对话框

③ 单击"编辑"，进入相机校准参数设置界面，如图 4-23 所示。

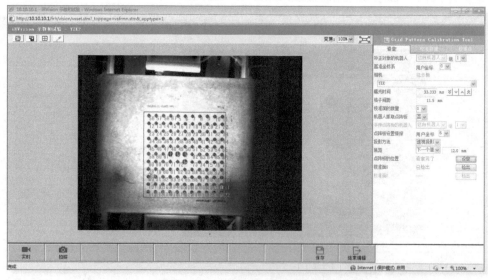

图4-23　相机校准参数设置界面

④"基准坐标系"的"用户坐标"选"0"，即大地绝对坐标。

⑤"相机"选择刚才新建的相机 yzk。

⑥"格子间距"设为 11.5mm，即实际点阵图的间距。

⑦"点阵板设置情报"中的"用户坐标"选择前面已创建的用户坐标系号，这里选 6。

⑧"焦距"选择"下一个值""12mm"（因为点阵图间距是 11.5mm，所以，运算步距可以设置成 12mm 左右，对应焦距也是 12mm）。

⑨单击左下角的"拍照"按钮。

⑩单击右侧的"校准面 1"旁边的"检出"按钮，显示绿色的"已检出"表明检出正确。

⑪单击右侧的"点阵板的位置"旁边的"设定"按钮，显示绿色的"设定完了"表明设定正确。

⑫误差点删除。设定完毕后，屏幕上会出现很多绿色的点，或者有少数红色的点，绿色表示设置良好的点，红色表示误差较大的点，应删除掉，如果只是在点阵板边沿有个别误差点，也可以忽略不计。单击右侧"校准点"标签，如图 4-24 所示，找到下面误差在"0.5"以上的点，单击"删除"按钮即可。

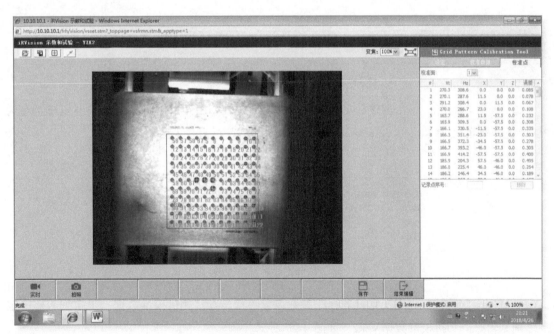

图4-24 相机校准点界面

⑬依次单击"保存"和"结束编辑"，完成相机校准的设置。

5）视觉处理程序。每一种模型都需要进行模型示教。对于多个模型的示教，可以采用创建各自的视觉处理程序，进行模型示教；也可以在同一个视觉处理程序中，对各个不同的模型设置不同的 MODEL.ID 号来实现多模型示教（此方法的操作步骤详见第 6 章）。下面以圆形物料为例，创建视觉处理程序，完成单种物料的模型示教。

① 单击"视觉类型"，选择"3.视觉处理程序"，进入 iRVision 的视觉处理程序界面，如图 4-25 所示。

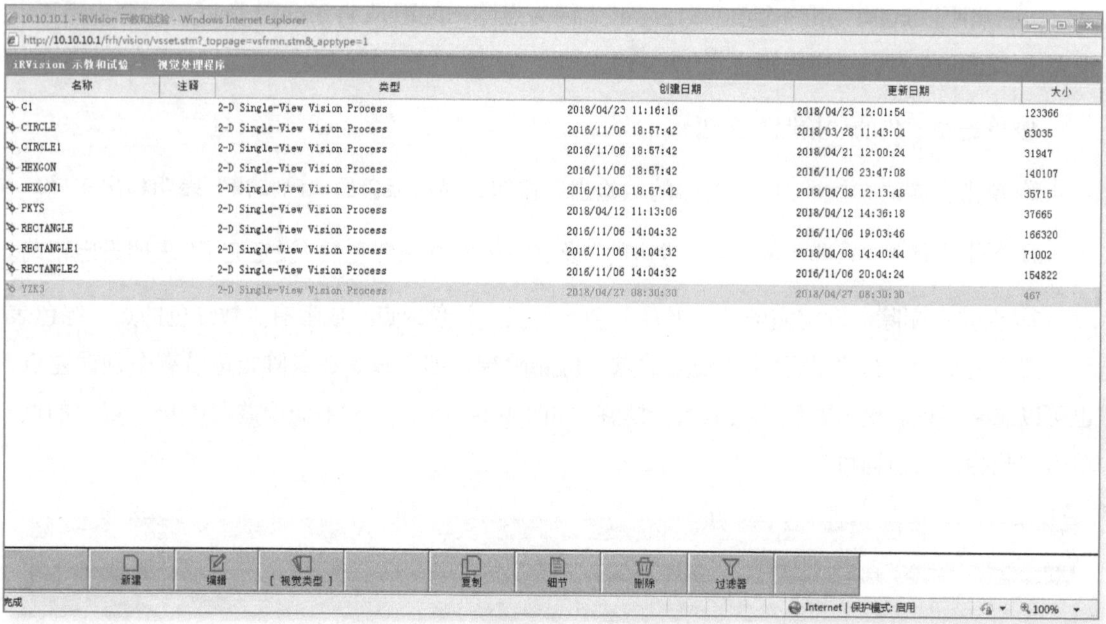

图4-25　iRVision的视觉处理程序界面

② 单击"新建"，弹出创建视觉处理程序的对话框，如图 4-26 所示。选择视觉处理类型为 2D 单视野检测（2-D Single-View Vision Process），名称可自命名（如 yzk3）。

图4-26　创建视觉处理程序对话框

③ 单击"编辑"，进入视觉处理程序参数设置界面，在"相机校准数据"下拉列表框中选择之前编辑好的相机校准数据 yzk2，如图 4-27 所示。

④ 拿走点阵图，放入圆形物料，单击上部红色的"GPM Locator Tool 1"进行配置，如图 4-28 所示。单击下方的"拍照"按钮，再单击右侧"模型示教"按钮。

⑤ 框选物料，修改角度值。

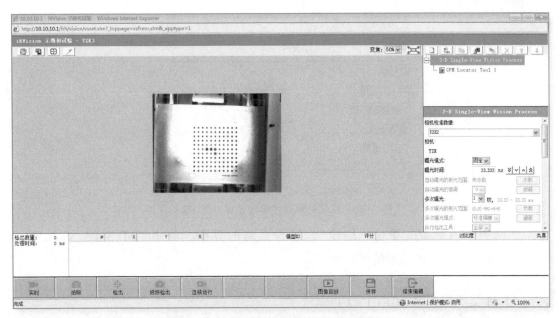

图4-27 视觉处理程序参数设置界面（1）

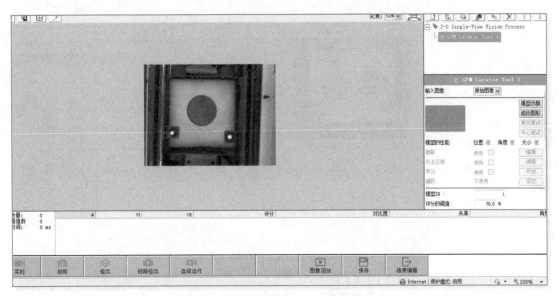

图4-28 视觉处理程序参数设置界面（2）

> **注意** 检索范围角度尽量小一些，否则机器人的J6轴会乱转。圆形物料角度范围为 $-10° \sim 10°$，六边形物料角度范围为 $-30° \sim 30°$，长方形物料角度范围为 $-180° \sim 180°$。另外，不要移动模型，后面机器人编程时还要用它作为初始位置来抓取，其他物料都是以该点为基准，加上视觉偏移之后作为新位置来定位的。

⑥ 设定评分的阈值。评分的阈值是指检测到的物料与模型相似程度的百分比，评分的阈值太大，可能会漏掉物料，评分的阈值太小，则有可能误判。这里选择默认的70%，如图4-29所示。

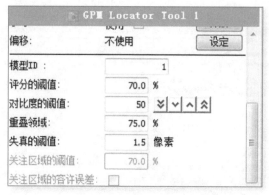

图4-29 视觉处理程序参数设置界面（3）

⑦ 模型示教完成，单击"确定"，返回之前的界面。单击"2-D Single View Vision Process"，进入如图 4-30 所示的界面。

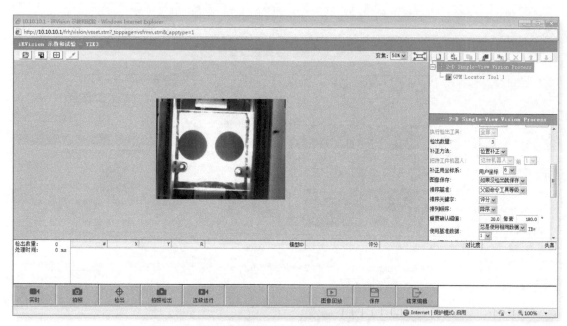

图4-30 视觉处理程序参数设置界面（4）

⑧ 设定检出数量。检出数量是指在同一张照片中，最多可以检出的同一种物料的个数，这里设为 3 个。

⑨ 选择补正用的坐标系。选择前面已设置的用户坐标系号，这里选 6。

⑩ 设定检出面 Z 向高度。因为这里只是采用 2D 视觉处理，此高度是不能检测出来的，所以这里填默认值 0。当进行 2.5D 或 3D 视觉处理时，必须设定物料的真实高度信息。

⑪ 单击"拍照检出"按钮，进入如图 4-31 所示的界面。可见视觉系统检出了一个圆形物料，评分为 98.8，对比度为 79.8%，大于阈值 70%，可认为检出成功，其处理时间为 139ms。

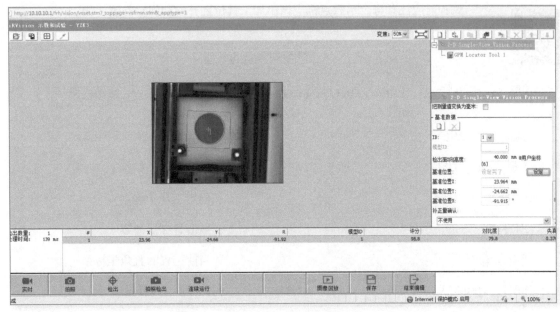

图4-31　视觉处理程序参数设置界面（5）

⑫ 设定基准位置。单击"基准位置"右侧的"设定"按钮，显示"设定完了"的绿色文字，表明基准设定正确。

> **注意**　基准位置是视觉系统非常关键的一个位置，它是机器人编程示教时的初始位置。用程序指令 VISION GET_OFFSET（视觉程序名）VR[1] 获得的视觉补偿数据都是在基准位置的基础上补偿 VR[1] 值之后的实际位置。

⑬ 依次单击"保存"和"结束编辑"，完成该模型的视觉处理程序。

⑭ 继续保持该物料不移动，后面进行编程示教时还需要用到该位置。

4. 计算工具坐标偏移

为了提高工具坐标系的准确性，本项目采用笔尖作为 TCP，但笔尖到吸盘中心还是存在一定的偏移量，应计算出来，进行位置补偿。如果是直接用吸盘建立的工具坐标系，那么此步可省略。具体操作步骤如下：

1）新建机器人程序。

2）用示教器示教笔尖到物料中心，记录该点 P1。

3）用示教器示教吸盘到物料中心，记录该点 P2。

4）打开点位置信息，计算出 ΔX 和 ΔY 的经验值。

4.2.4 程序设计

iRVision视觉
编程

编程时应注意每个示教点都应该添加工具位置补偿和视觉补偿，如：

笔尖到吸盘的补偿

视觉的补偿

J P[3] 100% FINE OFFSET PR[1] VOFFSET ◄

具体程序代码如下：

UFRAME_NUM=6	；调用用户坐标系 6
UTOOL_NUM=6	；调用工具坐标系 6
R[1]=0	；数值寄存器清零
PR[1]=LPOS	；当前位置的直角坐标系
PR[1，1]=0.633	；X 轴加上偏移量
PR[1，2]=23.61	；Y 轴加上偏移量
PR[1，3]=0	；Z 轴清零
PR[1，4]=0	；W 轴清零
PR[1，5]=0	；P 轴清零
PR[1，6]=0	；R 轴清零
OFFSET CONDITION PR[1]	；位置补偿申明
LBL[1]	
VISION RUN_FIND "YZK3"	；进行视觉检出
VISION GET_NFOUND "YZK3" R[1]	；取得检出个数，放到 R[1] 寄存器
IF R[1]=0，JMP LBL[222]	；判断有无物料 1，如果没有，则跳转到 LBL[222] 去执行物料 2 的判断
LBL[111]	
VISION GET_OFFSET "YZK3" VR[1] JMP LBL[999]	；取得视觉补偿数据
VOFFSET CONDITION VR[1]	；视觉补偿申明
J P[1] 100% FINE	；机器人在范围外

L P[2] 300MM/SEC FINE OFFSET，PR[1] VOFFSET ；机器人到物料上方

；此位置就是上述视觉处理程序中物
料所在位置

L P[3] 100% FINE OFFSET，PR[1] VOFFSET ；机器人到物料表面

DO[101]=ON ；吸取物料

LP[2] 300MM/SEC FINE OFFSET，PR[1] VOFFSET ；回到物料上方

J P[1] 100% FINE ；机器人回范围外

DO[101]=OFF ；放物料

R[1]=R[1]−1 ；每次取走一个物料，物料数量减 1

IF R[1]>0，JMP LBL[111] ；进行判断，若还有物料继续执行程序

JMP LBL[1] ；循环执行

LBL[999] ；视觉检出错误标记

MESSAGE[VISION ERROR!] ；发出视觉检出错误的消息

END

4.2.5　调试与运行

（1）准备工作

1）下载 PLC 程序。

2）将装载有 3 个圆形物料的托盘放置到倍速链的初始端。

（2）机器人程序运行

1）手动清除示教器报警信号，操作 TP 程序运行。

2）关闭 TP，控制方式设置在 AUTO 档，按下自动运行（绿色）按钮，观察系统运行的全过程。

iRVision视觉
识别与分拣
运行效果展示

【拓展训练】

拓展任务： 多种物料的识别、搬运与码垛工作站编程

任务要求： 多种物料随意放置在拍摄区，机器人自动识别每个物料的中心，将各物料分类搬走，并分类码垛在不同的位置。

第5章
CHAPTER 5

机器人外部轴的控制

　　在焊接、零部件加工及货物分类码垛等复杂的工作环境下，机器人通常并不是独立工作的，而是与由自身控制的导轨、变位机或转台等外部附加的运动机构配合工作的。这类能产生一定自由度，并且接受机器人伺服控制的运动机构被称为机器人的外部附加轴，简称外部轴或附加轴。

　　本章通过具体案例介绍外部轴的控制。

知识目标

1. 熟悉伺服电动机与伺服驱动器的参数配置。

2. 理解 PLC 对外部轴控制的工作流程。

3. 掌握 FANUC 工业机器人外部轴参数的含义。

技能目标

1. 掌握 FANUC 工业机器人外部轴参数配置的方法。

2. 掌握 PLC 对伺服电动机的控制方法。

思维导图

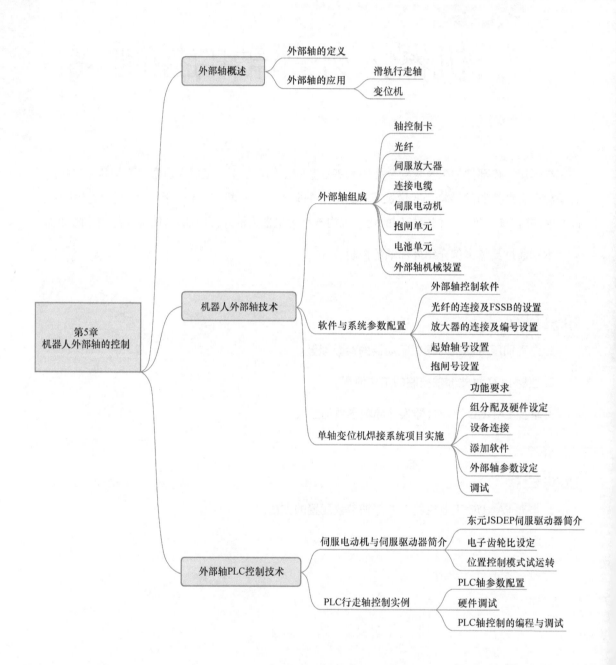

5.1 外部轴概述

5.1.1 外部轴的定义

在工业机器人系统应用中，为了完成具体的工作任务或扩展自由度、增加更大的运动间，经常需要与自身控制的导轨、变位机或转台等运动机构（统称外部轴）配合工作。

机器人与外部轴组成的工作站在焊接、搬运、码垛和喷涂等领域应用广泛，尤其是在焊接领域，外部轴的应用不仅提高了机器人焊接的效率，而且对于复杂焊接工艺和施焊操作的质量起到了决定性的作用。

5.1.2 外部轴的应用

1. 滑轨行走轴

将关节机器人安装于滑轨上，并通过外部轴控制功能来实现关节机器人的长距离移动，可以实现大范围、多工位工作，如一台手臂对多台机床上工件的取放，以及大范围焊接切割。

图 5-1 所示为机器人行走轴，主要由整体固定底座、动力机构、动力传递机构、导向机构、机器人安装滑台、防护机构、限位机构及行走附件等构成，可适配各大品牌机器人，满足不同应用场景、各种特殊环境的需要。

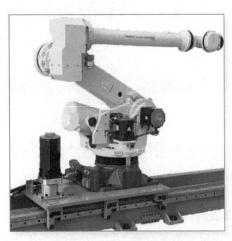

图5-1　机器人行走轴

2. 变位机

图 5-2 所示为机器人变位机。与滑轨相比，变位机独立于机器人本体，可通过外部轴的功能控制翻转到特定的角度，更加有利于手臂对工件的某一个面进行加工，主要应用于焊接、切割、喷涂和热处理等方面。比如，在喷涂行业中，通过变位机翻转180°，可实现对工件上、下表面的喷涂。

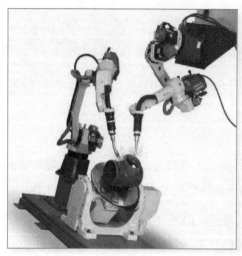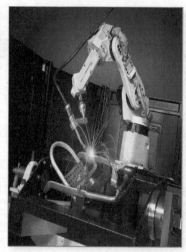

图5-2 机器人变位机

5.2 机器人外部轴技术

机器人外部轴系统由专门的硬件和软件作为支撑，并通过一系列的系统设置才能构建起来。

5.2.1 外部轴的组成

外部轴系统硬件由机器人轴控制卡、光纤、伺服放大器、连接电缆、伺服电动机、抱闸单元、电池单元和外部轴机械装置组成。

1.轴控制卡

轴控制卡位于机器人控制柜的主板上，是建立 FSSB（伺服控制总线）路径的起始端。轴控制卡自带两个光纤接口，可建立两条 FSSB 路径，如图 5-3 所示。对于中小型工业机器人集成系统，两个 FSSB 接口完全可以满足工况需求；对于大型或超大型集成系统，可以通过在主板上添加外部轴控制卡的方式建立 FSSB3 和 FSSB5 的路径。

2. 光纤

光纤用于连接机器人控制柜主板和外部轴伺服放大器，并建立 FSSB 路径。机器人通过 FSSB 路径与外部轴通信，传递控制信号，并获取外部轴的位置信息。

光纤作为信息传输的介质，由纤芯和包层组成。由于光纤质地脆，易断裂，在使用过程中要加以注意，可以弯曲，但禁止折弯。光纤套件包括光纤、24V 电源线和 200V 电源线。

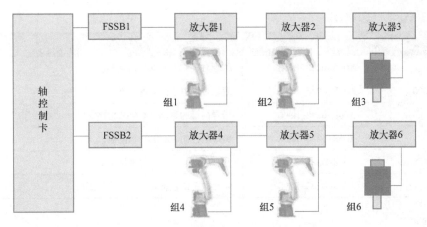

图5-3　FANUC工业机器人多动作组系统框架

3. 伺服放大器

伺服放大器也称为伺服驱动器，用来控制和驱动电动机。功率驱动单元的整个工作过程可以简单地概括为 AC-DC-AC 的转换过程，同时具有过电压、过电流、过热和欠电压的保护功能，从而实现高精度的定位。常用的伺服放大器见表 5-1。

表 5-1　伺服放大器类型与参数

型号	类型	电流
αiSV 40	单轴放大器	电动机驱动电流为 40A
αiSV 40/80	双轴放大器	第一轴驱动电流 L 为 40A
		第二轴驱动电流 M 为 80A
αiSV 20/20/40	三轴放大器	第一轴驱动电流 L 为 20A
		第二轴驱动电流 M 为 20A
		第三轴驱动电流 N 为 40A

4. 连接电缆

连接电缆由伺服电动机电源线、编码器线和抱闸线组成，电缆的长度有 7m、14m、20m、30m 四种规格。

5. 伺服电动机

外部轴伺服电动机将电压信号转化为转矩和转速，以驱动控制对象。伺服电动机中装有脉冲编码器，随时向机器人反馈自身的转速和位置信息，以实现速度控制和精确定位。

电动机的选型需要根据负载大小进行力学计算。常用的伺服电动机有 αiF 系列和 αiS 系列，按轴承类型来分有斜齿、直齿和带键直齿三种类型。下面仅以 αiF12/3000 和 αiS8/4000 举例说明，见表 5-2。

表 5-2　伺服电动机类型与参数

型号	电气规格	功能
α iF12/3000	A06B-0243-B605	锥形轴控制 /DC 90V 抱闸制动
	A06B-0243-B705	直轴控制 /DC 90V 抱闸制动
	A06B-0243-B805	带导向键的直轴 /DC 90V 抱闸制动
α iS8/4000	A06B-0235-B605	锥形轴控制 /DC 90V 抱闸制动
	A06B-0235-B705	直轴控制 /DC 90V 抱闸制动
	A06B-0235-B805	带导向键的直轴 /DC 90V 抱闸制动

6. 抱闸单元

当系统运转中遇到急停或者断电时，外部轴需要安全保护和精确定位等，这就需要给电动机一个与转动方向相反的转矩使它迅速停转，简单地说，就是抱闸。抱闸单元就是给外部电动机提供抱闸功能的一个模块。每个抱闸单元上有两个抱闸号，每一个抱闸号有两个抱闸口，每一个抱闸口可以控制一个电动机。机器人本身的抱闸号为 1，并提供两个外部轴抱闸号，分别为 2 和 3。

7. 电池单元

电池单元是给外部轴编码器供电的一种装置，电池电压为 6V，标准的变位机（电动机与减速机一体，机械装置里已包括电池单元）不需要该装置。

8. 外部轴机械装置

外部轴机械装置是外部轴的表现形式，主要有行走滑轨和变位机。

5.2.2　软件与系统参数配置

1. 外部轴控制软件

外部轴需要专用控制软件的支持，否则不能添加到机器人系统中进行控制。根据外部轴的类型及用途，需安装与之相对应的软件，其中，Multi-Group Motion 多组动作控制软件属于必须安装的软件。

FANUC 工业机器人外部轴控制的常用软件和功能见表 5-3。

2. 光纤的连接及 FSSB 的设置

在主板的轴控制卡上有两个光纤口：COP10A-1 和 COP10A-2。连接在 A-1 上的机器人及外部轴，其 FSSB 为 1；连接在 A-2 上的机器人及外部轴，其 FSSB 为 2。一个 FSSB 可以控制多个机器人组或外部轴组。在图 5-4 所示的多组动作控制系统中，FSSB1 控制两台机器人系统，FSSB2 控制三台伺服电动机。

表 5-3 外部轴控制的常用软件和功能

序号	软件名称	软件代码	用途说明
1	Independent Auxiliary Axis	A05B-2500-H895	用于伺服旋转变位，不能与机器人协调
2	Extended Axes Control	A05B-2500-J518	用于直线导轨
3	Basic Positioner	A05B-2500-H896	用于伺服旋转变位，能与机器人协调
4	ARC Positioner	A05B-2500-H871	500kg 两轴标准变位机
5	300kg One-axis Positioner	A05B-2500-H879	300kg 一轴标准变位机
6	500kg One-axis Positioner	A05B-2500-H875	500kg 一轴标准变位机
7	1000kg One-axis Positioner	A05B-2500-H880	1000kg 一轴标准变位机
8	1500kg One-axis Positioner	A05B-2500-H876	1500kg 一轴标准变位机
9	Multi-Group Motion	A05B-2500-J601	多组动作控制，必须安装
10	Coord Motion Package	A05B-2500-J686	协调控制，可选配
11	Multi-Robot Control	A05B-2500-J605	多机器人控制

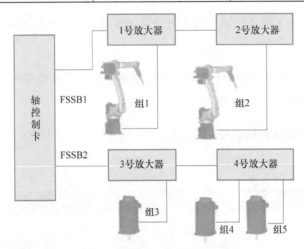

图5-4 多组动作控制系统框图

3. 放大器的连接及编号设置

放大器按照光纤连接顺序依次进行编号。FSSB1 上的第一个机器人的放大器编号为 1，第二个放大器编号为 2，依次类推；FSSB2 上的第一个放大器接着 FSSB1 上的最后一个编号继续进行编号，依次类推。图 5-4 中组 3 的电动机的放大器编号为 3。此外，图中的 4 号放大器因为有两根轴，最好采用双轴放大器，如 α iSV 40/80。

编码器电缆一端接伺服电动机红色端编码器接口，一端接放大器上的编码器接口。编码器电缆的放大器接口端配有 6V 电源接头，需连接控制柜柜门上的电池盒，注意正负极。在双轴伺服放大器的连接中，编码器电缆 JF1 对应放大器上的 ENC1（L），编码器电缆 JF2 对应放大器上的 ENC2（M）；电源线电缆 AMP2/L 对应 CZ2L（接口靠外侧），电源线电缆 AMP2/M 对应 CZ2M（接口靠内侧）。其中，L 代表放大器的第一轴，M 代表放大器的第二轴。

4. 起始轴号的设置

动作组的起始轴号设定与光纤连接顺序密切相关，同时需要遵循表 5-4 所列的规则。

表 5-4　起始轴号设定规则

FSSB 路径	有效的硬件起始轴号
1	7～32
2	*～32
3	37～60
5	61～84

> **注意**　对于 FSSB1 的起始轴号，当机器人本体的轴数不到 6 时，也可以使用 ≤ 6 的值。

FSSB2 硬件起始轴号的下限，根据连接在 FSSB 第 1 路径轴数的不同而不同。

1）连接于 FSSB 第 1 路径的轴数为 4 的倍数的情形：起始轴号 * = 连接于 FSSB 第 1 路径的轴数 +1

2）连接于 FSSB 第 1 路径的轴数不是 4 的倍数的情形：起始轴号 * = 比连接于 FSSB 第 1 路径的轴数大，且最靠近的 4 的倍数 +1

图 5-3 所示的各组硬件起始轴号见表 5-5。

表 5-5　示例设定

运动组	FSSB 路径	硬件开始轴编号	FSSB1 总轴数	轴号设定说明
1	1	1	无须设定	机器人：1～6，共六轴
2	1	7	无须设定	机器人：7～12，共六轴
3	1	13	无须设定	外部轴：13，仅一轴
4	2	17	13	机器人：17～22，共六轴
5	2	23	13	机器人：23～28，共六轴
6	2	29	13	外部轴：29，仅一轴

> **注**　组 4 的 FSSB=2，起始轴号 =17 的由来：因为必须是 4 的倍数，且 >13，结果再 +1，所以起始轴号 =4×4+1=17。

5. 抱闸号的设置

抱闸号的设置取决于外部轴抱闸线接入的是哪一个口。如图 5-5 所示，将外部轴的抱闸线连接于控制柜里的抱闸单元，位于机器人放大器左侧的抱闸单元为 1 号抱闸，位于机器人放大器右侧的抱闸模块上有两个抱闸单元，左侧为 2 号，右侧为 3 号。一般情况下，在机器人本身的抱闸号中，1 号、2 号和 3 号为外部轴抱闸号。

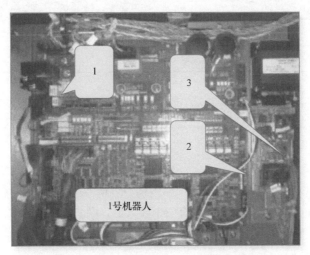

图5-5　FANUC机器人抱闸号位置示意图

5.2.3　单轴变位机焊接系统实例

1. 功能要求

一台机器人和绕某水平轴回转的单轴变位机组成一个简单的焊接系统，焊接翻转台带动工件绕水平轴转动，使之处于有利的焊接位置，以帮助焊接机器人完成工件的焊接工作，系统结构如图 5-6 所示。

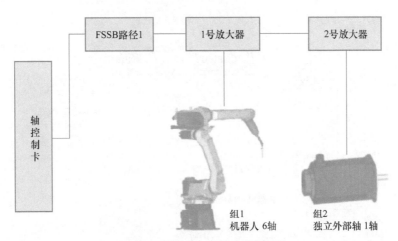

图5-6　机器人与单轴变位机系统

2. 组分配及硬件设定

图 5-6 所示的单轴变位机系统按照表 5-6 所列的内容进行设定。

表 5-6 单轴变位机系统配置设定表

运动组	FSSB 路径	FSSB 第 1 路径的总轴数	硬件起始轴	放大器号	抱闸号
1	1	无须设定	1	1	1
2	2	无须设定	7	2	3

> 说明　运动组 2 的抱闸号设置取决于抱闸线的连接。

3. 设备连接

光纤以轴控制卡的两个光纤口为起点，依次连入机器人六轴放大器和外部轴放大器。在连接过程中，遵循"B 进 A 出"的规则（若有两个放大器，则 COP10A 接放大器 1 的 B 口；放大器 1 的 A 口接放大器 2 的 B 口，依次类推），放大器的 COP10B 接口经机器人六轴光纤接主板，实现机器人本体六轴的控制；放大器的 COP10A 接口经外部轴光纤，接外部伺服放大器的 B 口，实现外部轴的控制。单轴变位机系统的设备连接框图如图 5-7 所示。

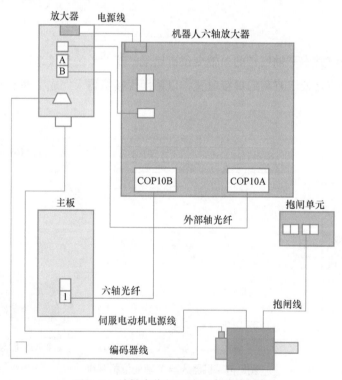

图5-7　单轴变位机系统设备连接框图

4. 添加软件

添加表 5-7 所列软件。

表 5-7 添加软件

软件名	产品代号	功能
Basic Positioner	A05B-2500-H896	伺服旋转变位
Multi-Group Motion	A05B-2500-J601	多组动作控制

5. 外部轴参数的设定

1）执行控制启动操作。在按住【PREV】（返回）和【NEXT】键的同时，接通电源；选择"3. Controlled Start"，按"确定"，进入控制启动；

2）按下示教器的【MENU】（画面选择）键，选择"9.MAINTENANCE"（机器人设定），按【ENTER】，出现如图 5-8 所示画面。

3）按下 F4【MANUAL】（手动），进入 FSSB 路径设定，界面如图 5-9 所示。由于 GROUP 2 走的是 FSSB 第 1 路径，输入 1。

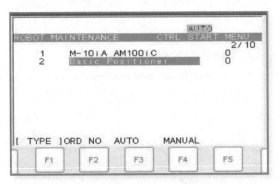

图5-8 单轴变位机系统设置（1）

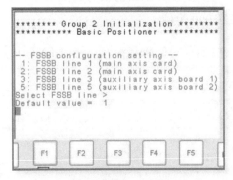

图5-9 单轴变位机系统设置（2）

4）按【ENTER】进入起始轴号设定界面，如图 5-10 所示。第 2 组的起始轴号从第 7 轴开始，输入 7。

5）按【ENTER】进入运动学类型设定界面，如图 5-11 所示。如果已知各轴间的偏置量，选择"1:Known Kinematics"（1：运动学已知）；弄不清楚时，选择"2:Unknown Kinematics"（2：运动学未知），一般情况下，输入 2。

图5-10 单轴变位机系统设置（3）

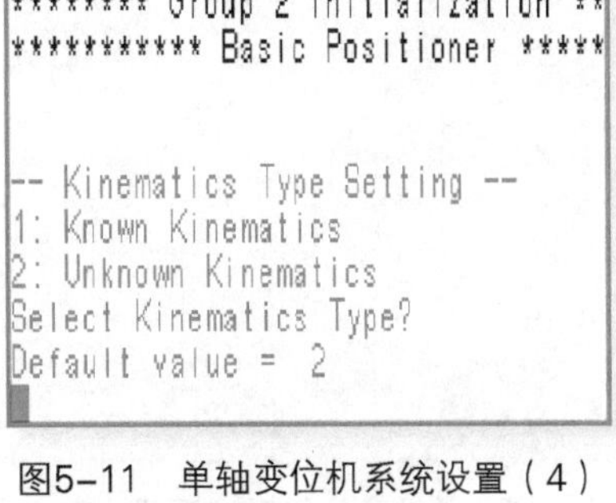

图5-11 单轴变位机系统设置（4）

6）按【ENTER】进入轴操作界面，如图5-12所示。要显示或者修改，输入1；要增加轴，输入2；要删除轴，输入3；要退出，输入4。

7）要增加一个外部轴，选择"2：Add Axis"，按【ENTER】进入电动机设定画面，如图5-13所示。

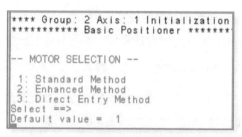

图5-12　单轴变位机系统设置（5）　　　　　图5-13　单轴变位机系统设置（6）

8）一般情况下，选择"1：Standard Method"，按【ENTER】进入电动机设定界面，如图5-14所示（如果当前没有匹配的电动机型号，选择"0 .Next page"，继续选择）。这里以aiF22/3000为例。

9）选择"0 .Next page"，按【ENTER】进入如图5-15所示的界面。

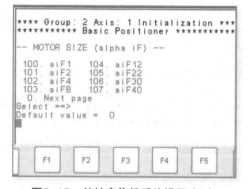

图5-14　单轴变位机系统设置（7）　　　　　图5-15　单轴变位机系统设置（8）

10）选择"105:aiF 22"，按【ENTER】进入电动机转速选择界面，如图5-16所示。

11）选择"2./3000"，按【ENTER】进入放大器电流选择界面，如图5-17所示。

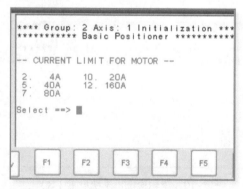

图5-16　单轴变位机系统设置（9）　　　　　图5-17　单轴变位机系统设置（10）

12）选择"7：80A"，按【ENTER】进入放大器编号设定界面，如图 5-18 所示。

13）输入 2，按【ENTER】进入放大器种类设定界面，如图 5-19 所示。选项中，1 为机器人六轴放大器，2 为外部轴的放大器。

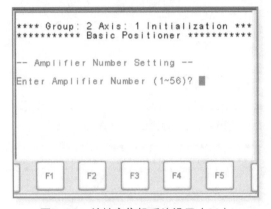

图5-18 单轴变位机系统设置（11）

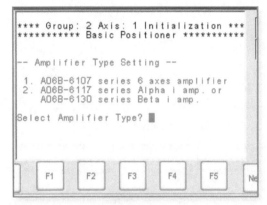

图5-19 单轴变位机系统设置（12）

14）输入 2，按【ENTER】进入轴的运动类型设定界面，如图 5-20 所示。选项中，1 为直线运动，2 为旋转运动。

15）选择"2:Rotary Axis"，按【ENTER】进入轴的运动方向设定界面，如图 5-21 所示。轴的运动方向是指绕哪一根轴旋转，这里以 +Y 为例。

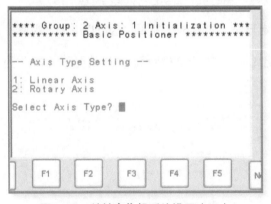

图5-20 单轴变位机系统设置（13）

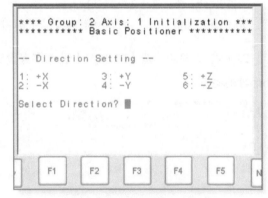

图5-21 单轴变位机系统设置（14）

16）选择"3:+Y"，按【ENTER】进入轴的减速比设定界面，如图 5-22 所示。减速比的大小取决于减速器，这里的减速比以 141 为例。

17）输入 141，按【ENTER】进入轴的最大速度设定界面，如图 5-23 所示。一般情况下，不改变它的最大速度。

18）选择"2:No Change"，按【ENTER】进入如图 5-24 所示的界面，设置轴相对电动机的方向。若轴相对电动机正转的旋转方向为正，则应输入 TURE 有效；若为负，则应输入 FALSE 无效。

19）选择"1:TRUE"，按【ENTER】进入轴上限设定界面，如图 5-25 所示。这里以 360° 为例。

图5-22　单轴变位机系统设置（15）

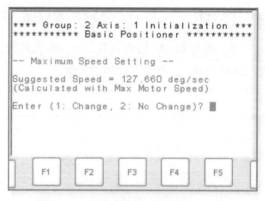

图5-23　单轴变位机系统设置（16）

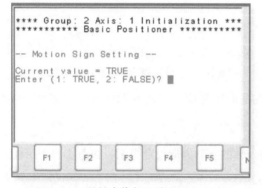

图5-24　单轴变位机系统设置（17）

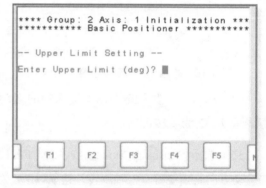

图5-25　单轴变位机系统设置（18）

20）输入360，按【ENTER】进入轴下限设定界面，如图5-26所示。这里以-360°为例。

21）输入-360，按【ENTER】进入零点设定界面，如图5-27所示。一般情况下以0°作为外部轴的零点。

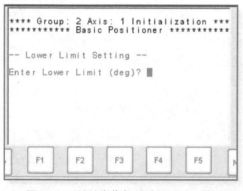

图5-26　单轴变位机系统设置（19）

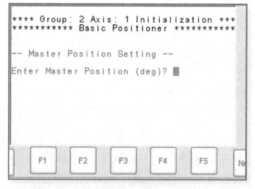

图5-27　单轴变位机系统设置（20）

22）输入0，按【ENTER】进入Accel Time 1 Setting界面，如图5-28所示。要改变的1#加速度的时间，输入1，否则输入2。

23）输入2，按【ENTER】进入Accel Time 2 Setting界面，如图5-29所示。一般选择不改变加速时间。

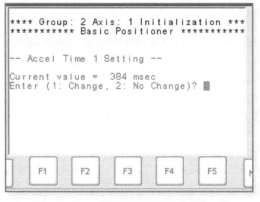

图5-28 单轴变位机系统设置（21）

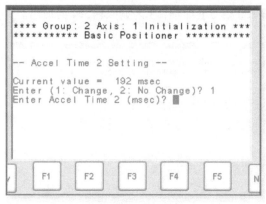

图5-29 单轴变位机系统设置（22）

24）输入 2，按【ENTER】进入指数加减数时间常数设定界面，如图 5-30 所示。一般情况下选择"2：FALSE"。

25）输入 2，按【ENTER】进入 Minimum Accel Time Setting 设定界面，如图 5-31 所示。一般情况下选择"2：No Change"。

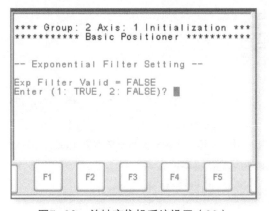

图5-30 单轴变位机系统设置（23）

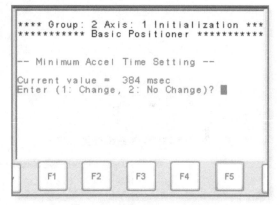

图5-31 单轴变位机系统设置（24）

26）输入 2，按【ENTER】进入电动机负载率设定界面，如图 5-32 所示。负载率的范围为 1～5，一般情况下设为 3。

27）输入 3，按【ENTER】进入抱闸号设定界面，如图 5-33 所示。按照硬件连接图，该抱闸号为 3。

28）输入 3，按【ENTER】进入 Servo Off Setting 设定界面，如图 5-34 所示。一般情况下，选择"1：TRUE"。

29）输入 1，按【ENTER】进入 Servo Off time Setting 设定界面，如图 5-35 所示。一般情况下设定为 10s。

30）输入 10，按【ENTER】进入图 5-36 所示设定界面。选项中，1 为显示或者修改轴的参数，2为增加轴，3为删除轴，4为退出。

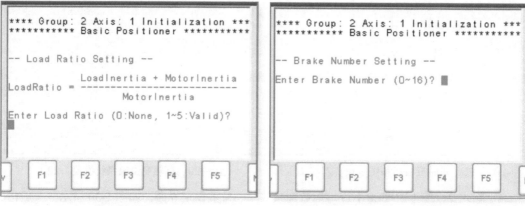

图5-32 单轴变位机系统设置（25）　　图5-33 单轴变位机系统设置（26）

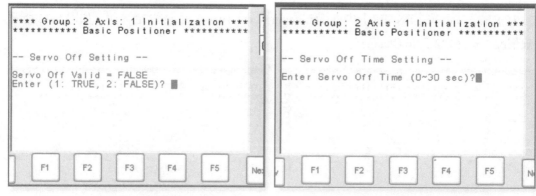

图5-34 单轴变位机系统设置（27）　　图5-35 单轴变位机系统设置（28）

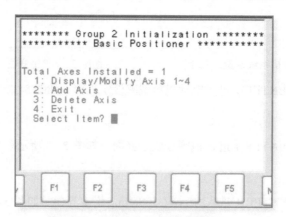

图5-36 单轴变位机系统设置（29）

31）输入4，按【ENTER】自动进入冷启动，设定完毕。

32）冷启动完成后，外部轴需要进行脉冲复位和校准零点，零点校准完成后才可以进行示教编程。

156

6.调试

按 TP 上的【GROUP】键，将机器人手动坐标系切换至"G2 关节"，按照点动机器人的方法点动变位机即可。

5.3　外部轴PLC控制技术

5.3.1　伺服电动机与伺服驱动器简介

伺服电动机又称为执行电动机，是控制电动机的一种。它是一种用电脉冲信号进行控制的，并将脉冲信号转变成相应的角位移或直线位移和角速度的执行元器件。根据控制对象的不同，由伺服电动机组成的伺服系统一般有三种基本控制方式，即位置控制、速度控制和转矩控制。

1. 东元JSDEP伺服驱动器简介

采用 PLC 控制外部行走轴的最大好处是不必选用与机器人品牌相同的伺服电动机和伺服驱动器。这里选用东元伺服驱动器来实现 PLC 对伺服电动机的位置控制，其外形及基本组成如图 5-37 所示。

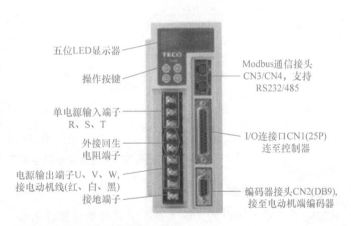

图5-37　东元JSDEP伺服驱动器

该伺服驱动器与 PLC、伺服电动机的连接如图 5-38 所示。伺服电动机驱动器可提供多种操作模式，包括位置控制模式、速度控制模式和转矩控制模式。可通过设定参数，进行模式选择。这里主要采用位置回路，进行定位控制。PLC 作为上位控制器，输出脉冲信号，经 CN1 端子输入到驱动器来实现位置控制，编码器信号经 CN2 端子输入到驱动器来实现位置反馈，形成整个系统的闭环控制。

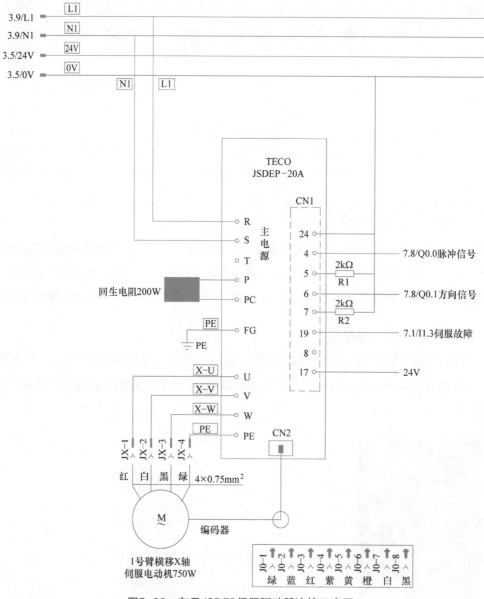

图5-38 东元JSDEP伺服驱动器连接示意图

2. 电子齿轮比的设定

通过电子齿轮比可以定义输入到本装置的单位脉冲命令，使传动装置移动任意距离，上位控制器所产生的脉冲命令不需考虑传动系统的齿轮比、减速比或电动机编码器脉冲数，步骤如下：

（1）了解整体系统规格 在确定电子齿轮比前必须先得到系统规格，如减速比、齿轮比、负载轴心每转移距离、滚轮直径以及电动机编码器每转脉冲数（根据伺服电动机类型确定）。

（2）定义单脉冲命令对应的移动距离 定义上位控制器下达单个脉冲命令时，传动装置会移动的距离。例如：当电子齿轮比设定为单个脉冲命令移动 $1\mu m$ 时，如果上位控制器下达 2000 个脉冲命令，传动装置的移动距离为 $1\mu m/$ 脉冲 $\times 2000$ 脉冲 $= 2mm$。

（3）计算电子齿轮比　可依照以下公式计算电子齿轮比：

$$电子齿轮比 = \frac{电动机编码器每转脉冲数 \times 4}{负载轴每转移动距离 \div 单个脉冲命令移动距离}$$

如果电动机与负载轴之间的减速比为 n/m，其中，m 为电动机旋转圈数，n 为负载轴旋转圈数，则电子齿轮比计算公式为

$$电子齿轮比 = \frac{电动机编码器每转脉冲数 \times 4}{负载轴每转移动距离 \div 单个脉冲命令移动距离} \times \frac{m}{n}$$

（4）电子齿轮比参数设定　将电子齿轮比约分简化，使分子和分母均为小于 50000 的整数值，然后再分别将电子齿轮比的分子及分母设定到相应参数中，见表 5-8。

表 5-8　电子齿轮比参数代号表

参数代号	名称	默认值	设定范围	控制模式
pn302	电子齿轮比分子 1	1	1 ~ 50000	Pi/Pe
pn303	电子齿轮比分子 2	1	1 ~ 50000	Pi/Pe
pn304	电子齿轮比分子 3	1	1 ~ 50000	Pi/Pe
pn305	电子齿轮比分子 4	1	1 ~ 50000	Pi/Pe
★ pn306	电子齿轮比分母	1	1 ~ 50000	Pi/Pe

注：★必须重开电源，设定值才有效。

> 注意　电子齿轮比必须符合下列条件，否则本装置无法正常运作。

$$\frac{1}{200} \leqslant 电子齿轮比 \leqslant 200$$

本装置提供四组电子齿轮比分子，可利用输入接点 GN1、GN2 切换到需要的电子齿轮比分子，见表 5-9。

表 5-9　电子齿轮比分子参数表

输入接点 GN2	输入接点 GN1	电子齿轮比分子
0	0	电子齿轮比分子 1: Pn302
0	1	电子齿轮比分子 2: Pn303
1	0	电子齿轮比分子 3: Pn304
1	1	电子齿轮比分子 4: Pn305

（5）电子齿轮比设定步骤实例（表 5-10）

表 5-10 电子齿轮比设定步骤实例

传动系统	设定步骤
	1. 了解整体系统规格 负载轴心每转移动距离 =140mm 电动机编码器每转脉冲数为 10000 脉冲 /r 2. 定义单个脉冲命令移动距离 单个脉冲命令移动距离 =1μm 3. 计算电子齿轮比 $$电子齿轮比 = \frac{10000脉冲/r \times 4}{(140mm/r) \div (1μm/脉冲)} = \frac{2000}{7000}$$ 4. 电子齿轮比参数设定 <table><tr><td>电子齿轮比分子</td><td>2000</td></tr><tr><td>电子齿轮比分母</td><td>7000</td></tr></table>

3. 位置控制模式试运转

（1）检查配线 确认伺服驱动器电源与控制信号配线是否正确。配线图参照图 5-38。

（2）设定电子齿轮比 依据伺服电动机编码器规格与机台应用规格，设定所需的位置控制参数电子齿轮比 Pn302 ~ Pn306。

（3）激活伺服电动机 将伺服激活接点 (SON) 接至低电位，激活伺服电动机。

（4）确认电动机转向、速度和圈数 由上位控制器输出低速脉冲命令，使伺服电动机进行低速运转，进而下达圈数命令，比对状态参数 Un-14（电动机回授旋转圈数）与状态参数 Un-16（脉冲命令旋转圈数）。若发现实际电动机回授不正确时，应调整位置控制参数电子齿轮比 Pn302 ~ Pn306。反复确认，直到正确为止。若电动机转向不正确，应确认位置控制参数脉冲命令形式选择 Pn301.0 与命令方向定义 Pn314。设定完成后，将伺服激活接点 (SON) 接至高电位，关闭伺服电动机。

5.3.2 PLC行走轴控制实例

西门子 S7-1200 运动控制轴的最大个数是由 S7-1200 PLC 硬件能力决定的。目前，S7-1200 最大的控制轴个数为 4，该值不能扩展。如果客户需要控制多个轴，并且对轴与轴之间的配合动作要求不高，可以使用多个 S7-1200 CPU，这些 CPU 之间可以通过以太网的方式进行通信。下面介绍 PLC 控制机器人外部行走轴的具体方法。

1. PLC轴参数配置

PLC 轴参数配置的主要步骤如下：

1）单击"工艺对象"，双击"新增对象"，打开对话框，如图5-39所示，选择"轴TO_PositioningAxis"，单击"确定"按钮。

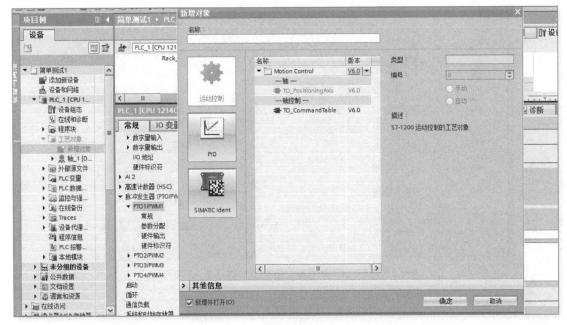

图5-39　PLC轴参数配置步骤（1）

2）依次配置轴的参数。

①"常规"选项：选择PTO驱动器，"测量单位"为mm，如图5-40所示。

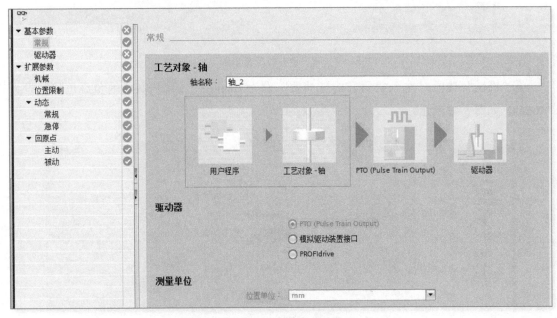

图5-40　PLC轴参数配置步骤（2）

②"驱动器"选项："硬件接口"选择"Pulse_1"，如图5-41所示。

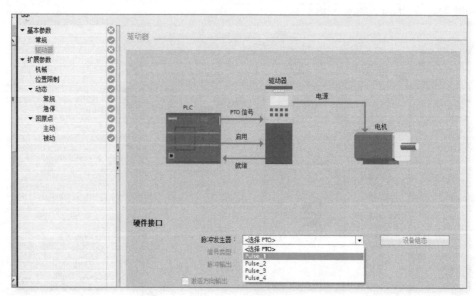

图5-41　PLC轴参数配置步骤（3）

默认弹出前面设置的值，如图5-42所示。

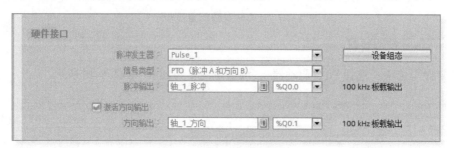

图5-42　PLC轴参数配置步骤（4）

③"机械"选项："电动机每转的脉冲数"设为10000；"电动机每转的负载位移"设为140mm，如图5-43所示。

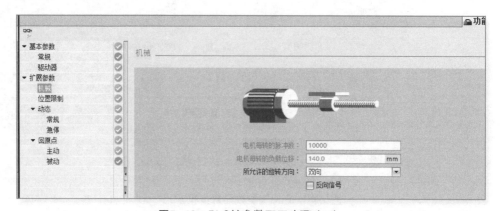

图5-43　PLC轴参数配置步骤（5）

④"位置限制"选项：根据实际硬件接线设定硬限位，这里勾选"启用硬限位开关"，下限位为 I0.2，上限位为 I0.3，均为高电平有效，如图 5-44 所示。

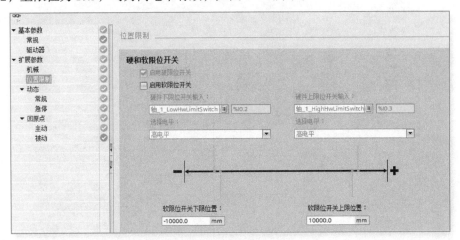

图5-44　PLC轴参数配置步骤（6）

⑤"动态"选项下的"常规"选项：设置各种速度和加、减速度，如图 5-45 所示。这里的"启动停止速度"若为 35mm/s，实际程序控制行走时的速度必须大于等于该速度，才能使电动机起动。

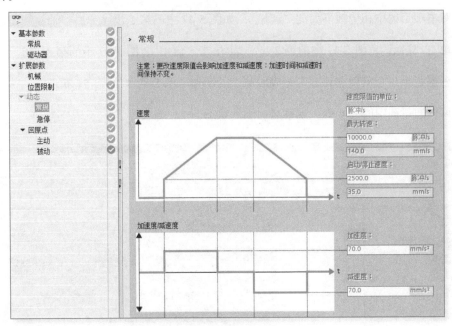

图5-45　PLC轴参数配置步骤（7）

⑥"回原点"设置：这里采用主动方式控制回原点，原点开关为 I0.4，高电平有效，如图 5-46 所示。"逼近 / 回原点方向"为负方向，参考点开关在下侧。逼近速度要尽量小，否则容易超程，碰到右限位导致卡死，需要重新进行 RESET 复位操作，甚至需要断电后再复位。

3）下载配置。与 PLC 程序下载类似，将轴的配置编译并下载到 PLC 中。

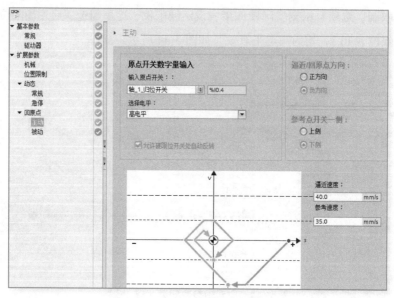

图5-46 PLC轴参数配置步骤（8）

2.硬件调试

具体步骤如下：

1）双击项目树中相应轴下面的"调试"，如图5-47中的第1步，弹出"轴控制面板"。

2）单击"激活"（图5-47中的第2步），再单击"启用"（图5-47中的第3步）。

3）根据各个命令实现点动、定位或回原点的动作（图5-47中的第5、6步）。

4）可以通过图中的第4步，观察当前轴的状态。

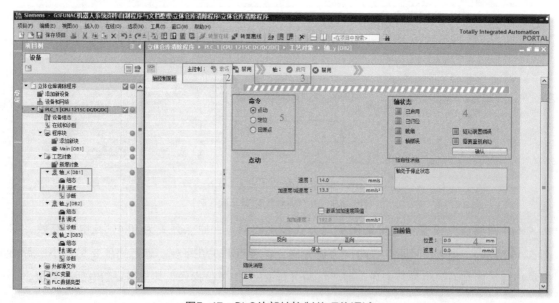

图5-47 PLC外部轴控制的硬件调试

3. PLC轴控制的编程与调试

1）初始化轴：启用 / 禁用轴 MC_Power，如图 5-48 所示。

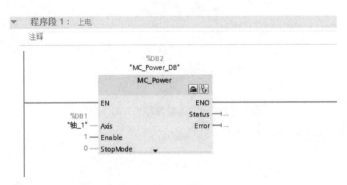

图5-48　初始化轴上电指令MC_Power

2）初始化轴：复位轴 MC_Reset，如图 5-49 所示。

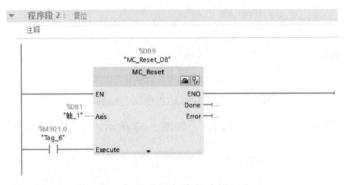

图5-49　初始化轴复位指令MC_Reset

3）回原点 MC_Home，如图 5-50 所示。

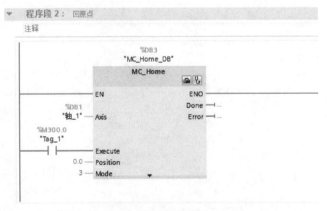

图5-50　PLC轴回原点指令MC_Home

4）暂停轴 MC_Halt，如图 5-51 所示。

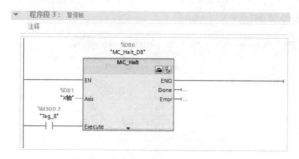

图5-51　PLC轴暂停指令MC_Halt

5）点动控制轴MC_MoveJog，如图5-52所示。

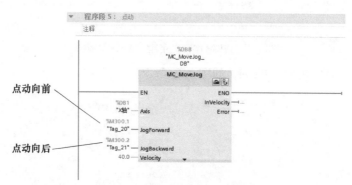

图5-52　PLC轴点动指令MC_MoveJog

6）相对位置控制轴MC_MoveRelative，如图5-53所示。

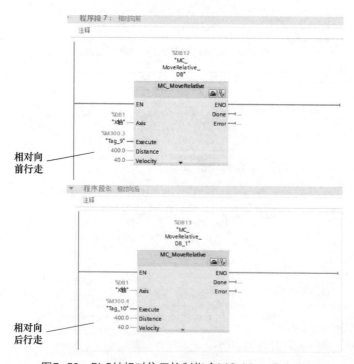

图5-53　PLC轴相对位置控制指令MC_MoveRelative

7）绝对位置控制轴 MC_MoveAbsolute，如图 5-54 所示。

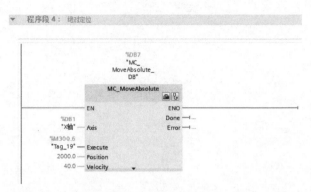

图5-54 PLC轴绝对位置控制指令MC_MoveAbsolute

8）读取当前位置，如图 5-55 所示。

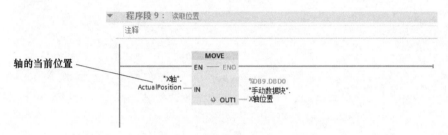

图5-55 读取PLC轴的当前位置"X轴". ActualPosition

第6章

CHAPTER 6

基于机器人控制器的系统集成应用

机器人自动化控制系统主要有两种方式：一是采用机器人控制器作为系统主控，通过I/O或网络接口与其他外部设备（如PLC、电动机、图像采集与处理装置等）进行数据通信，实现整个系统的自动控制功能；二是采用外部编程设备（如PLC、工控机及单片机等）作为系统主控，通过I/O或网络接口完成与工业机器人的数据通信，实现整个系统的自动控制。

本章通过实际案例介绍基于机器人控制器的系统集成技术，包括由机器人控制器一键启动程序，发出命令，启动外部传送带运输物料，到达视觉分拣区后机器人抓取物料，实现多种物料的自动分拣与码垛的功能。

技能目标

1. 掌握机器人 RSR 方式的程序选择与自动运行控制方法。

2. 掌握 FANUC 工业机器人 iRVision 视觉分拣的应用方法。

3. 掌握机器人控制外部传送带的启停与调速（变频器）控制的方法。

4. 掌握整个系统的软、硬件设计与案例实施的全过程。

思维导图

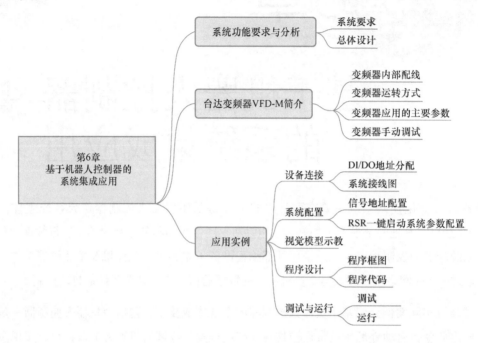

6.1 系统功能要求与分析

6.1.1 系统要求

系统上电后，按下启动按钮，变频器启动外部传送带运输物料，到达视觉分拣区后，自动运行机器人程序，实现多种物料的自动分拣与码垛的功能。要求系统具有循环停止、急停、暂停以及暂停后继续运转等功能。

考虑到系统功能较为简单，可以采用基于机器人控制器作为系统主控的集成技术。机器人控制器作为系统主控，主要完成以下几个部分的控制：

1）对变频器进行控制，实现传送带的启停与调速。

2）机器人程序的一键启动控制。

3）机器视觉系统实现多种物料的智能分拣。

4）机器人物料搬运与码垛。

5）系统功能完善。

6.1.2　总体设计

针对上述系统要求，采用基于机器人控制器作为主控的集成技术，总体设计方案如下：

1）完成变频器参数设置，设定好速度设定方式和启停控制方式，做好准备。

2）机器人控制器通过 CRMA15/CRMA16 I/O 板与变频器进行数据交互，实现传送带的启停控制。

3）物料到达视觉分拣区后，光电传感器检测到物料到位，将传感器信号通过 I/O 板传送给机器人，机器人响应该信号，并通过 I/O 板实现电磁阀和气缸的控制，将挡板上升，使物料固定在视觉分拣区。

4）机器人控制器调用视觉识别和分拣子程序，实现物料的自动分拣。

5）机器人完成两种不同物料的码垛（2 行 2 列单层）以及物料托盘的码垛。

6）为机器人添加一键启动的 RSR 自动启动控制功能，实现整个系统的自动工作。

7）进一步完善系统运行，为系统添加各种急停、暂停、暂停后再启动、码垛完成以及自动停止运行并能在示教器中提示报警等功能。

6.2　台达变频器VFD-M简介

本实例的传输系统采用台达变频器 VFD-M 进行速度控制。变频器外形如图 6-1 所示。

1. 变频器内部配线

变频器的标准配线如图 6-2 所示。

2. 变频器运转方式

变频器运转方式主要有两种：外部信号操作和数字操作器，如图 6-3 和图 6-4 所示。产品出厂设定为数字操作器运转方式。

图6-1　台达变频器外形图

3. 变频器应用的主要参数

台达变频器应用的主要参数详见变频器使用说明书。这里只做简单应用，需要用到的参数（图 6-5）如下：

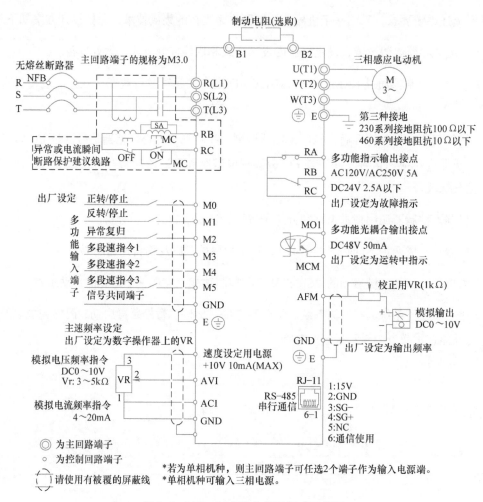

图6-2　VFD-M台达变频器标准配线图

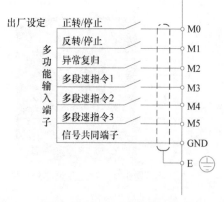

图6-3　VFD-M台达变频器外部信号操作示意图

图6-4　VFD-M台达变频器数字操作器

P	00	频率指令来源设定

出厂设定值：00

设定范围	00	主频率输入由数字操作器控制
	01	主频率输入由模拟信号DC 0～ +10V 控制（AVI）
	02	主频率输入由模拟信号DC 4～ 20mA 控制（ACI）
	03	主频率输入由串行通信控制（RS485）
	04	数字操作器（LC-M2E）上所附的V.R.控制

📖 此参数可设定交流电动机驱动器主频率的来源。

P	01	运转指令来源设定

出厂设定值：00

设定范围	00	运转指令由数字操作器控制
	01	运转指令由外部端子控制，【STOP】键有效
	02	运转指令由外部端子控制，【STOP】键无效
	03	运转指令由通信控制，【STOP】键有效
	04	运转指令由通信控制，【STOP】键无效

图6-5　VFD-M台达变频器主要参数P00和P01含义

1）P00=00：主频率输入由数字操作器控制，可以事先手动设置好变频器的速度。

2）P01=01：运转指令外部端子控制，【STOP】键有效，硬件外接机器人控制器的I/O口。

4. 变频器手动调试

变频器手动调试步骤如下：

1）根据台达变频器标准配线图完成手动接线，如图6-6所示。

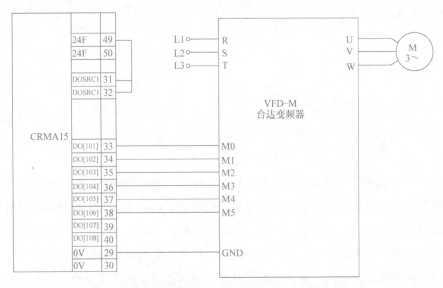

图6-6　变频器与机器人控制器CRMA15板接线示意图

① R、S、T分别接L1、L2、L3三相电源。

② U、V、W分别接三相异步电动机的输入端。

③ 多功能输入端子M0～M5分别接机器人CRMA15板接口的33#～38#，对应机器人输出

点 DO[101] ~ DO[106]。信号公共端子 GND 接机器人 CRMA15 板接口的 29#，对应机器人的 0V 端。此外，CRMA15 板接口的输出公共点 DOSRC1 必须接 +24V，可以外接 24V 电源，也可以直接接 CRMA15 板接口的 49#。

2）设置变频器参数 P00=00，表示主频率输入由数字操作器控制；P01=01，表示运转指令由外部端子控制。

3）设置变频器主频率为 30Hz，使传送带中速运转。

4）打开机器人示教器，依次操作：按下【MENU】→选择"5 I/O"→按下 F1【TYPE】→选择"3 数字 I/O"，打开 DO 一览界面。设置 DO[101]=ON，电动机正转，带动传送带中速传输物料；设置 DO[101]=OFF，电动机停止；设置 DO[102]=ON，电动机反转，带动传送带中速反向传输物料。

> 注意　如果实验室电动机控制的传送带设备具有抱闸装置，则需要将相应的抱闸信号置位（或复位），否则电动机不转。

5）改变变频器主频率，依次设置 DO[101] 或 DO[102] 的值，观察传送带的运转速度。

> 注意　如果 DO[101]、DO[102] 已被其他设备（如工具吸盘等）占用，则应更改 DO 点进行变频器测试。

6.3　应用实例

由倍速链组成的生产线通常称为自流式输送系统或倍速链输送机，主要用于装配及加工生产线中的物料输送。其输送原理是运用倍速链条的增速功能，使其上承托物料的工装板快速运行，通过阻挡器将工装板和物料停止在相应的操作位置上，再通过相应指令来完成放置、移行、转位和转线等功能，而传送带可以始终保持运行。可见，采用倍速链传输不仅可以增速，而且避免了电动机的频繁起停控制，降低了控制难度，提高了设备的使用寿命，在实际生产中得到了越来越广泛的使用。本实例拟采用倍速链实现物料的传输。

6.3.1　设备连接

本实例的倍速链系统由机架、电动机、变频器（在主控箱中）、倍速链、光电传感器和定位挡板组成，如图 6-7 所示。

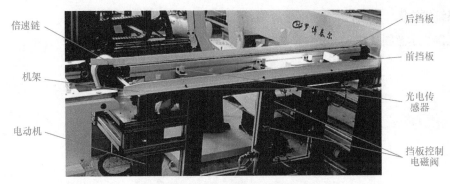

图6-7 倍速链系统硬件实物图

系统的主要控制对象为电动机、前挡板和后挡板。

1）电动机控制：电动机的速度用变频器控制，输入频率范围为 0 ~ 50Hz；另外，倍速链电动机起动之前，需要松抱闸（电磁抱闸线圈得电），然后再起动电动机（变频器正反转起停控制 M0/M1）。因此，起动倍速链需要三个条件：设频率 + 松抱闸 + 起动。由于物料传输分拣系统只需要单向运输，所以这里电动机的运转只接 M0 正转信号即可。

2）前挡板控制：电磁阀 1 得电，升前挡板；电磁阀 1 失电，降前挡板。

3）后挡板控制：电磁阀 2 得电，升后挡板；电磁阀 2 失电，降后挡板。

系统的主要输入对象为 4 个光电传感器：前部 1 个、中部 1 个、尾部 2 个，用于判断物料的当前位置。

1. DI/DO地址分配

针对上述系统功能，进行机器人控制器 DI/DO 地址分配，见表 6-1。

表 6-1 倍速链系统 DI/DO 地址分配表

输　入			输　出		
名称	地址	功能说明	名称	地址	功能说明
光电传感器 3	DI[105]	=ON 表明有物料到达检测区 =OFF，表明检测区无物料	双头吸盘工具	DO[101]	双头吸盘用于吸、放托盘
启动按钮	DI[101]	机器人自动运行的启动按钮	单头吸盘工具	DO[102]	=ON, 小吸盘吸物料 =OFF, 小吸盘放物料
暂停按钮	DI[102]	暂停当前运行的程序，对应 UI[2] HOLD 信号	松抱闸线圈	DO[105]	=ON, 电动机松抱闸 =OFF, 抱闸
继续运行按钮	DI[103]	继续执行暂停中的程序，对应 UI[6] START 信号	变频器正转启动	DO[106]	接变频器的 M0，=ON 时，电动机正转，带动物料前行
循环停止按钮	DI[104]	完成当前循环功能后停止程序，对应 UI[4] CSTOPI 信号	前挡板电磁阀 1	DO[107]	升降前挡板
初始化按钮	DI[106]	RSR 方式启动程序的初始化，满足 UI[1]、UI[2]、UI[3]、UI[8] 均为 ON。以常闭接入	后挡板电磁阀 2	DO[108]	升降后挡板

2. 系统接线图

系统接线示意图如图 6-8 所示。

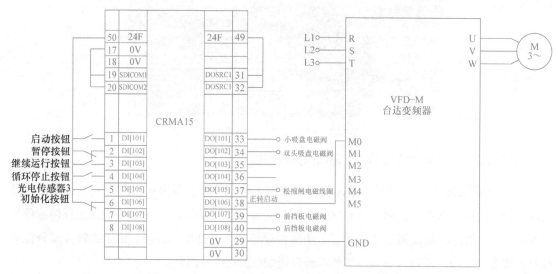

图6-8 倍速链系统接线示意图

> **注意** 这里的初始化按钮和暂停按钮采用常闭输入，能保证上电后，系统直接处于 UI[1]、UI[2]、UI[3]、UI[8] 均为 ON 的状态，可省略手动初始化的操作。

6.3.2 系统配置

1. 信号地址配置

可参考本书第 3 章 DI/DO 或 UI/UO 地址分配的方法，完成本项目的信号地址分配，具体步骤如下：

1）打开示教器 DI 分配界面，将机器人 DI 信号地址分配为 DI[101] ~ DI[120]，机架 48，槽号 1，开始点 1，如图 6-9 所示。

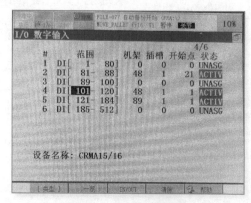

图6-9 DI地址分配界面

2）打开示教器 DO 分配界面，将机器人 DO 信号地址分配为 DO[101]～DO[120]，机架 48，槽号 1，开始点 1，如图 6-10 所示。

3）打开示教器 UI 分配界面，将 UI 信号与对应的 DI 信号进行关联，如图 6-11 所示。将机器人 UI 信号地址分配为

UI[1] 急停信号：机架 48，槽号 1，开始点 6——DI[106]，初始化按钮

UI[3] 安全速度：机架 48，槽号 1，开始点 6——DI[106]，初始化按钮

UI[8] 使能信号：机架 48，槽号 1，开始点 6——DI[106]，初始化按钮

UI[9]RSR1 启动信号：机架 48，槽号 1，开始点 1——DI[101]，启动按钮

UI[4] 循环停止信号：机架 48，槽号 1，开始点 4——DI[104]，停止按钮

UI[2] 暂停信号：机架 48，槽号 1，开始点 2——DI[102]，暂停按钮

UI[6] 再启动信号：机架 48，槽号 1，开始点 3——DI[103]，继续运行按钮

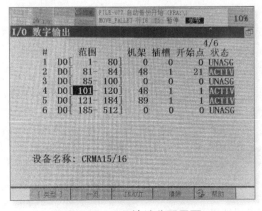

图6-10　DO地址分配界面

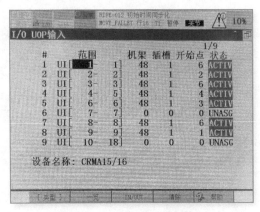

图6-11　UI地址分配界面

注意　地址分配完毕后必须重启机器人，使分配生效。此时，机器人的 DI[101]～DI[108] 对应 CRMA15 板的 1#～8#，且 UI 与 DI 实现了有效关联。初始时的 UI[1]、UI[2]、UI[3] 和 UI[8] 均为 ON。由于 UI[5] 清报警信号没有外接按钮，在系统运行前需要用示教器手动进行报警清除操作。

2. RSR一键启动系统参数配置

参考第 3 章 RSR 方式远程控制实例的相关内容，完成系统参数配置。具体操作步骤如下：

1）打开"选择程序"界面，点击【MENU】→【6 设置】→【1 选择程序】，选择 RSR 方式，如图 6-12 所示。

2）设置机器人一键启动程序名称为 RSR0001。在"选择程序"界面下，点击 F3【详细】，设置 RSR1 的登录号码为 1，并启用 RSR1，设置基数为 0，如图 6-13 所示。

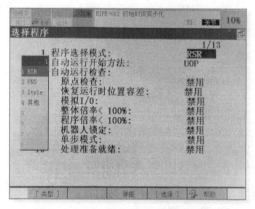
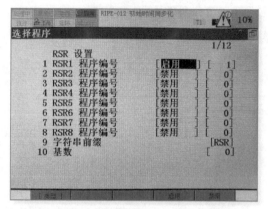

图6-12　RSR程序启动方式选择界面　　　　图6-13　RSR登录号码和基数设置界面

3）打开系统参数设置界面。点击【MENU】→【0 下页】→【6 系统】→【5 配置】，进入系统参数设置界面，如图 6-14 所示，分别完成 7、8、9、10、43 号参数的设置。

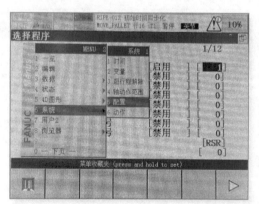
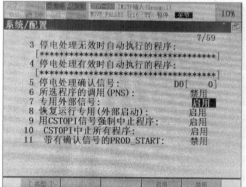

图6-14　系统参数设置界面

①启用"7 专用外部信号"。

②启用"8 恢复运行专用（外部启动）"。

③将"43 远程 / 本地设置"设定为"远程"。

④启用"9 用 CSTOPI 信号强制中止程序"。

⑤启用"10 CSTOPI 中止所有程序"。

> **注意**　将系统参数设置成远程控制后，再进行示教编程可能会出现冲突，因此在程序设计完成之前，应将"43 远程 / 本地设置"暂时设置为"本地"，等待程序编写完成，进行调试运行前，再将它改为"远程"，以便完成程序的一键启动运行。

6.3.3 视觉模型示教

参考第 4 章的 FANUC 视觉识别与智能分拣系统实例的相关内容，完成相机的校准以及物料模型的示教。

吸盘的中心点不是尖顶，而视觉识别的准确度很大程度上就取决于创建的坐标系精确度。第 4 章介绍了在吸盘旁绑定铅笔的方式创建坐标系，然后采用偏移量进行补偿的方法来实现物料的视觉分拣。本实例采用一种新的方法，在创建工具坐标系或用户坐标系时，先把工具吸盘卸下来，等坐标系创建完毕，再把吸盘装上去，进行调试与运行。步骤如下：

1）采用六点法创建工具坐标系，并激活该坐标系。

2）采用四点法创建用户坐标系，并激活该坐标系。

3）配置 iRVision 软件，包括新建相机（CZ）和校准相机（CZ2）。

上述各步骤详细的操作请读者参考第 4 章相应内容。下面重点介绍多种模型的示教方法。本实例采用在同一个视觉处理程序中，对各个不同的模型设置不同的 MODEL.ID 号来实现多种模型的示教。

4）创建视觉处理程序，对圆形物料进行模型示教。

① 单击"【视觉类型】"，选择"3.视觉处理程序"，进入 iRVision 的视觉处理程序界面，如图 6-15 所示。

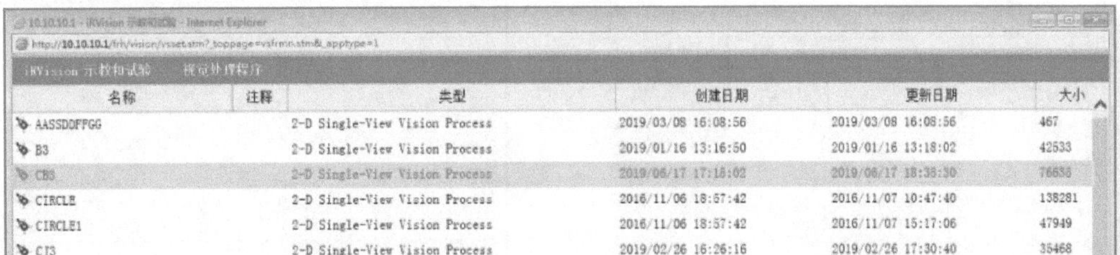

图6-15 iRVision的视觉处理程序界面

② 单击"新建"，弹出创建视觉处理程序的对话框，如图 6-16 所示，选择视觉处理类型为 2D 单视野检测（2-D Single-View Vision Process），名称可自命名（如 CB3）。

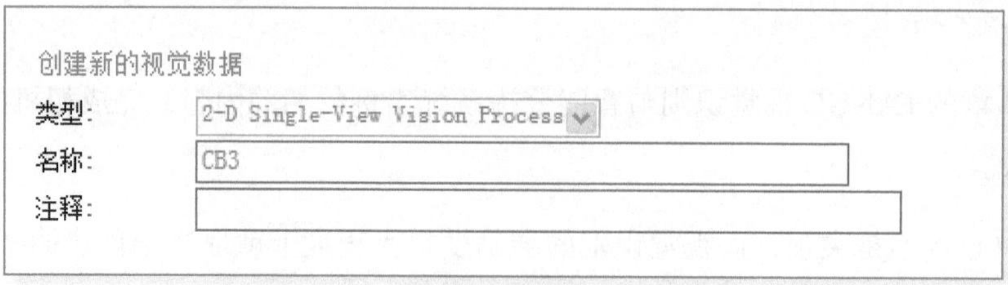

创建新的视觉数据

类型： 2-D Single-View Vision Process ▾

名称： CB3

注释：

图6-16 创建视觉处理程序对话框

③ 单击"编辑"，进入视觉处理程序参数设置界面，在"相机校准数据"下拉列表框中选择之前编辑好的相机校准数据CZ2，如图6-17所示。

④ 拿走点阵图，放入圆形物料，单击右侧上部红色的"GPM Locator Tool 1"进行配置，如图6-18所示。

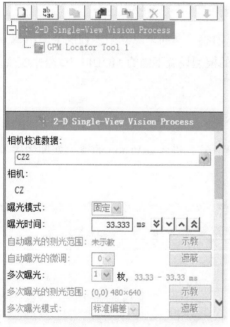

图6-17 视觉处理程序参数设置界面（1）

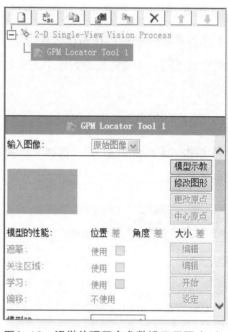

图6-18 视觉处理程序参数设置界面（2）

⑤ 单击下方的"拍照"按钮，再单击右侧"模型示教"按钮。

⑥ 框选物料，修改角度值。

> **注意** 检索范围角度尽量小一些，否则机器人的J6轴会乱转，圆形物料角度范围为−10°～10°，六边形物料角度范围为−30°～30°，长方形物料角度范围为−180°～180°。另外，不要移动模型，后面机器人编程时还要用它作为初始位置来抓取，其他物料都以该点为基准，加上视觉偏移之后作为新位置来定位。

⑦ 设定评分的阈值。评分的阈值是指检测到的物料与模型相似程度的百分比。评分的阈值太大，可能会漏掉物料；评分的阈值太小，则有可能误判。这里选择默认的 70%，如图 6-19 所示。

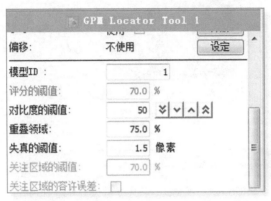

图6-19 视觉处理程序参数设置界面（3）

⑧ 模型示教完成，单击"确定"，返回之前的界面。单击"2-D Single View Vision Process"，进入如图 6-20 所示的界面。

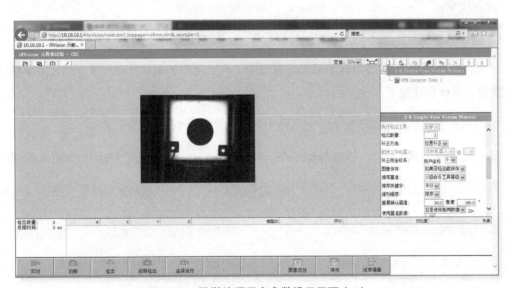

图6-20 视觉处理程序参数设置界面（4）

⑨ 设定检出数量。检出数量是指在同一张照片中，最多可以检出的同一种物料的个数，这里设为 3 个。

⑩ 选择补正用的坐标系。选择前面已设置的用户坐标系号，这里选 6。

⑪ 设定检出面 Z 向高度。因为这里只采用 2D 视觉处理，此高度是不能检测出来的，所以这里填默认值 0。当进行 2.5D 或 3D 视觉处理时，必须设定物料的真实高度信息。

⑫ 单击"拍照检出"按钮，进入如图 6-21 所示的界面。

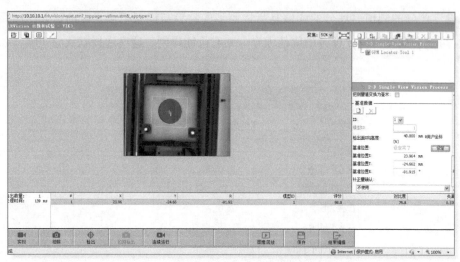

图6-21 视觉处理程序参数设置界面（5）

⑬ 设定基准位置，单击"基准位置"右侧的"设定"按钮，显示"设定完了"的绿色文字，表明基准设定正确。

⑭ 依次单击"保存"和"结束编辑"，完成该模型的示教。

⑮ 保留圆形物料位置不动，新建示教器程序，记录好该基准位置。

5）创建六边形物料模型示教的视觉处理程序。采用同一个视觉处理程序下创建两个模型的方式实现。具体操作如下：

① 在视觉检测区拿走圆形物料，放入待示教的六边形物料。

② 在右侧导航条中选中"2-D Single-View Vision Process"，单击"新建"，如图6-22所示。

③ 弹出如图6-23所示界面，创建一个新的视觉工具"GPM Locator Tool 2"，单击"确定"。

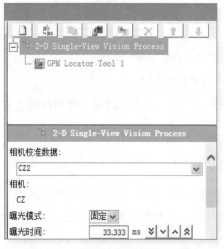

图6-22 多模型示教参数设置（1）

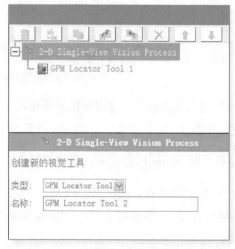

图6-23 多模型示教参数设置（2）

④ 参考上述圆形物料模型示教的方法，进行六边形物料的模型示教。单击下方的"拍照"按钮，再单击右侧"模型示教"按钮，如图6-24所示。

⑤ 修改六边形物料的"模型ID"为2，如图6-25所示。这样圆形物料的ID = 1，而六边形物料的ID = 2，可以用指令 R[10]=VR[1].MODELID 识别物料的类型，以便进行分类码垛。

⑥ 修改六边形物料的"检索范围角度"为 –30° ~ 30°，如图6-26所示。

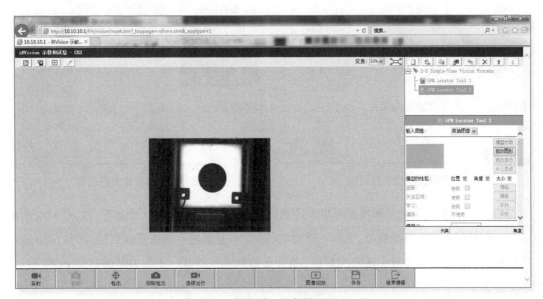

图6-24　多模型示教参数设置（3）

图6-25　多模型示教参数设置（4）

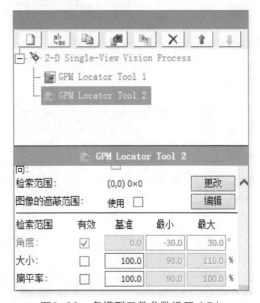

图6-26　多模型示教参数设置（5）

⑦ 模型示教完毕，两个视觉工具 GPM Locator Tool 1 和 GPM Locator Tool 2 均为绿色，说明示教正确，如图 6-27 和图 6-28 所示。

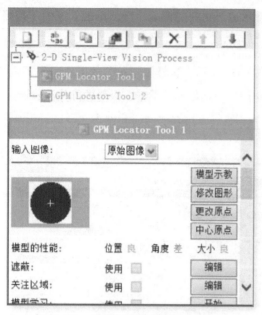

图6-27　多模型示教参数设置（6）

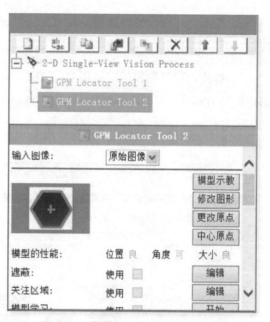

图6-28　多模型示教参数设置（7）

⑧ 基准号设定。两个示教模型可以采用相同数据的 ID 号作为同一个基准，如图 6-29 所示。也可以各自采用不同的基准数据，选择"模型 ID 切换"，并新建不同的基准数据，如图 6-30 所示。本实例采用相同数据作为统一的基准数据，用圆形物料模型的 ID = 1 作为基准数据，即如图 6-29 所示的方法。

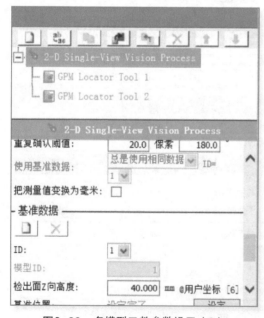

图6-29　多模型示教参数设置（8）

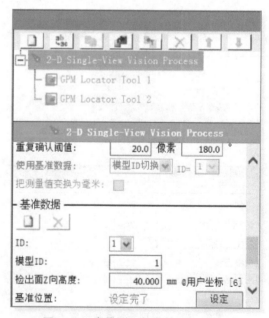

图6-30　多模型示教参数设置（9）

⑨ 依次单击"保存"和"结束编辑"，完成该模型的示教。

6.3.4　程序设计

1. 程序框图

根据系统要求，编写机器人控制程序。系统主要由倍速链启停控制模块、视觉分拣模块和物料码垛模块三个部分组成。程序流程如图 6-31 所示。

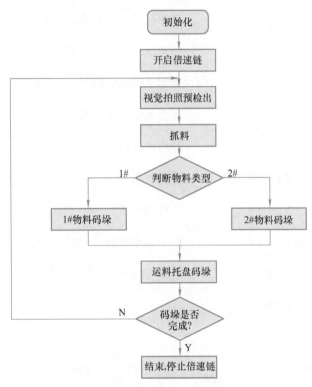

图6-31　机器人控制系统程序流程图

2. 程序代码

程序命名为"RSR0001"，参考程序代码如下：

；变量初始化

1：　UFRAME_NUM=6　　　　　；选择自己创建的工具坐标系

2：　UTOOL_NUM=6　　　　　；选择自己创建的用户坐标系

3：　PR[2，1]=0　　　　　；清零托盘码垛用的位置寄存器 PR[2]

4：　PR[2，2]=0

5：　PR[2，3]=0

6：　PR[2，4]=0

7： PR[2，5]=0

8： PR[2，6]=0

9： R[3]=0   ；清零 1# 物料码垛的行号 R[3]

10： R[4]=0   ；清零 1# 物料码垛的列号 R[4]

11： R[2]=0   ；清零已经码垛托盘的个数 R[2]

12： R[5]=0   ；清零 2# 物料码垛的行号 R[5]

13： R[6]=0   ；清零 2# 物料码垛的列号 R[6]

14： DO[105：OFF]=OFF   ；复位电动机的松抱闸信号

15： DO[106：OFF]=OFF   ；复位电动机起动信号

16： DO[107：OFF]=OFF   ；降前挡板

17： DO[108：OFF]=OFF   ；降后挡板

18： DO[101：OFF]=OFF   ；松单头小吸盘（"放"状态）

19： DO[103：OFF]=OFF   ；松双头吸盘（"放"状态）

；机器人开启倍速链系统

20： LBL[1]

21： J P[4] 100% FINE   ；机器人等待点（视觉检测区外）

22： DO[105：OFF]=ON   ；松电动机抱闸

23： DO[106：OFF]=ON   ；启动倍速链

24： DO[107：OFF]=ON   ；升后挡板

；视觉拍照与数量、位置检出

25： LBL[2]

26： VISION RUN_FIND 'CB3'   ；进行视觉检出

27： VISION GET_NFOUND 'CB3' R[1] ；取得检出个数，存入 R[1] 寄存器

28： IF R[1]<=0, JMP LBL[2]   ；判断有无物料 1

                 ；如果没有，则跳转 LBL[2] 循环判断

29： WAIT 2.00（sec）   ；等待 2s，等物料完全到位

30： DO[108：OFF]=ON ；升前挡板，固定工作区域

31： VISION RUN_FIND 'CB3' ；再次视觉检出，确保位置正确

32： VISION GET_NFOUND 'CB3' R[1]

33： IF R[1]<=0，JMP LBL[2]

34： LBL[3]

35： VISION GET_OFFSET 'CB3' VR[1] JMP LBL[999] ；取得视觉补偿数据，存入

；VR[1] 中，若获取不成功，
则跳转到程序末尾

36： VOFFSET CONDITION VR[1] ；视觉补偿申明

37： R[10]=VR[1].MODELID ；当前视觉模型的 ID 号暂存入 R[10]

；中

；R[10]=1 为 1# 圆形物料，R[10]=2 为

；2# 六边形物料

；**机器人抓取物料**

38： J P[4] 100% FINE ；机器人等待点（视觉检测区外）

39： J P[1] 100% FINE VOFFSET，VR[1] ；添加视觉偏移后的 1# 物料正上方

40： L P[2] 500mm/sec FINE VOFFSET，VR[1] ；物料表面

41： DO[101：OFF]=ON ；吸取物料

42： L P[3] 500mm/sec FINE VOFFSET ；返回物料上方

43： J P[4] 100% FINE ；机器人等待点（视觉检测区外）

；**开始码垛**

44： J P[5] 100% FINE ；码垛区接近点

45： IF R[10]<>1，JMP LBL[101] ；若为 1# 物料，执行第 46~63 行之间

；的 1# 物料码垛程序，否则，跳转到
LBL[101]，去判断 2# 物料

；1# 物料码垛，码垛成两行两列

46： PR[2，1]=R[3]*100 ；X 方向码垛距离偏移 100

47： PR[2，2]=R[4]*100   ；Y 方向码垛距离偏移 100

48： PR[2，3]=0   ；Z 方向码垛距离不偏移

49： J P[13] 100% FINE Offset，PR[2]   ；带 PR[2] 位置补偿的码垛——正上方位置

50： L P[6] 500mm/sec FINE Offset，PR[2]；码垛物料表面位置

51： DO[101：OFF]=OFF   ；放物料

52： L P[7] 500mm/sec FINE Offset，PR[2]；返回码垛上方

53： R[3]=R[3]+1   ；当前行号不变，列号 +1

54： IF R[3]<2，JMP LBL[10]   ；若列号 <2，表明当前行的列没码完，不需要
                                        ；更改行号
                                        ；若列号 =2，表明当前行已码垛结束，执行下
                                        ；一行

55： R[3]=0   ；列号清零，而行号 +1，开始下一行的码垛

56： R[4]=1+R[4]

57： IF R[4]<2，JMP LBL[10]   ；若行号 <2，表明还没到达要求的总行数 2
                                        ；不需要更改行号
                                        ；若行号 =2，表明所有行均已结束，需将所
                                        ；有的行号和列号清零

58： R[4]=0   ；行号清零

59： R[3]=0   ；列号清零

60： J P[4] 100% FINE   ；返回机器人等待点（视觉检测区外）

61： Message[Palletizing IS OVER .]   ；示教器通知"码垛完成"

62： JMP LBL[999]   ；跳转到程序末尾，结束运行

63： LBL[10]

64： LBL[101]   ；开始 2# 物料的码垛

65： IF R[10]<>2，JMP LBL[102]   ；若为 2# 物料，执行第 66~83 行之间的 2# 物
                                        ；料码垛程序，否则，跳转到 LBL[102]

；2# 物料码垛，同样码垛成两行两列的形式

66： PR[2，1]=R[5]*100；

67： PR[2，2]=R[6]*100；

68： PR[2，3]=0；

69： J P[12] 100% FINE Offset，PR[2]；

70： L P[16] 500mm/sec FINE Offset，PR[2]；

71： DO[101：OFF]=OFF；

72： L P[12] 500mm/sec FINE Offset，PR[2]；

73： R[5]=R[5]+1；

74： IF R[5]<2，JMP LBL[11]；

75： R[5]=0；

76： R[6]=1+R[6]；

77： IF R[6]<2，JMP LBL[11]；

78： R[5]=0；

79： R[6]=0；

80： J P[4] 100% FINE；

81： Message[MA DUO IS OVER .]；

82： JMP LBL[999]；

83： LBL[102]；

；视觉检出物料数量实时变化（每码垛好一个，则 R[1]-1）

85： LBL[11]；

86： R[1]=R[1]-1；

87： IF R[1]>0，JMP LBL[3]；

；搬运和码垛托盘

88： J P[4] 100% FINE   ；机器人等待点（视觉检测区外）

89： J P[15] 50% FINE   ；托盘正上方（双头吸盘朝下）

90 :	L P[14] 1000mm/sec FINE	; 托盘表面
91 :	DO[103 : OFF]=ON	; 双头吸盘吸取托盘
92 :	WAIT .50（sec）	; 等待 0.5s，保证可靠吸住
93 :	L P[8] 300mm/sec FINE	; 搬起托盘
94 :	PR[2，3]=R[2]*15	; 码垛 Z 方向偏移 15，X、Y 方向均为 0
95 :	PR[2，1]=0；	
96 :	PR[2，2]=0；	
97 :	L P[9] 400mm/sec FINE	; 托盘码垛区的接近点
98 :	L P[10] 400mm/sec FINE Offset，PR[2]	; 码垛位置表面
99 :	DO[103 : OFF]=OFF	; 释放托盘
100 :	L P[11] 1000mm/sec FINE	; 返回托盘接近点
101 :	J P[4] 100% FINE	; 返回机器人等待点（视觉检测区外）
102 :	DO[108 : OFF]=OFF	; 降前挡板，使新物料继续运输
103 :	R[2]=R[2]+1	; 码垛托盘数量 +1
104 :	JMP LBL[2]	; 重复进行视觉检测、搬运、码垛的全过程

; 程序结束，停止倍速链运行

105 :	LBL[999]；
106 :	DO[106 : OFF]=OFF；
107 :	DO[107 : OFF]=OFF；
108 :	DO[108 : OFF]=OFF；
109 :	DO[105 : OFF]=OFF；

6.3.5 调试与运行

1. 调试

（1）DI/DO 测试 打开机器人示教器的 DI/DO 一览界面，查看 DI[101]~DI[108]，其中接按钮常闭触点的 DI[102] 和 DI[106] 应为 ON，其余均为 OFF。分别按下各个输入按钮，可见对应的 DI 值改变。若无变化，或出现错误，可能是输入公共端 SDICOM（19#/20#）没有接地。

（2）UI/UO 测试　本实例采用的是 RSR 方式一键启动程序，因此，这里没有用到 UO，只测试 UI 即可。打开机器人示教器的 UI/UO 一览界面，查看 UI[1]~UI[9]，其中对应 DI[102] 的 UI[2] 为 ON，对应 DI[106] 的 UI[1]、UI[3]、UI[8] 均为 ON，其余均为 OFF。分别按下各个输入按钮，可见对应的 UI 值改变。若出现错误，可能是 UI 地址分配时出现了错误。

（3）倍速链启停测试　给变频器上电，设置变频器参数 P00=0，P01=0，设置主频频率为 30Hz。打开机器人示教器的 DO 一览界面，查看 DO[101]~DO[108]，初始时均为 OFF。强制 DO[105]=ON，可听到"啪"的一声电动机松抱闸的声音；再强制 DO[106]=ON，可见倍速链以变频器设定的中速开始启动，说明电动机控制连线正确。

（4）挡板升降测试　打开系统空压机，给系统上气。打开机器人示教器的 DO 一览界面，强制 DO[107]=ON，可见前挡板上升；强制 DO[107] = OFF，可见前挡板下降，说明气缸控制连线正确。同理操作 DO[108] 控制后挡板的升降。

（5）程序单步调试　打开编写好的 RSR0001 程序，单步运行程序，完成两种物料的传输、视觉分拣与码垛的单步调试。调试时，将速度尽量调低一些，以免出现失误，造成机器损伤。

2. 运行

（1）RSR 一键启动功能调试

1）将运行速度降低到 30% 以下。

2）修改系统参数"43 远程 / 本地设置"为"远程"。

3）TP 非单步执行状态。

4）将 TP 开关置于 OFF。

5）控制面板上的模式开关置于 AUTO 档。

6）按下【RESET】，清除系统报警信号。

7）按下启动按钮，使 UI[9]=ON，启动程序 RSR0001。

（2）停止控制

1）正常停止：程序启动后，正确运行，依次进行两种物料的分拣码垛和托盘的搬运与码垛，当码垛的某种物料达到 2 行 2 列（4 个）之后，系统程序运行结束，示教器界面弹出消息界面"Palleting is over"，提示码垛已经完成，并停止倍速链、降两块挡板。

2）暂停功能测试：在运行过程中，按下暂停按钮，机器人立即暂停运行程序；若此时再按下继续运行按钮，机器人继续运行当前暂停的程序，并且是从暂停点继续往后执行；如果暂停后，按下的是启动按钮（UI[9]），则程序重新从第一行开始执行。

【拓展训练】

拓展任务：多物料传输与分拣系统流水线控制

任务要求：

1. 更改本章任务中的码垛要求为 3 行 3 列、2 层。

2. 实现流水线控制，要求当 1# 物料码垛完成，手动推走或由设备运走该物料后，给机器人一个反馈信号，机器人可以继续进行物料的码垛。对于未完成的 2# 物料从当前的位置继续码垛，对于已经完成的 1# 物料从头开始码垛，从而实现系统的流水线生产。

第7章
CHAPTER 7

基于PLC的工业机器人
系统集成应用

工业机器人集成系统也可以采用外部编程设备（如 PLC、工控机及单片机等）作为系统主控，通过 I/O 或网络接口完成与工业机器人的数据通信，实现整个系统的自动控制。PLC 在工业控制中技术成熟、系统可靠性强，具有非常广泛和灵活的应用，因此，基于 PLC 的工业机器人系统集成应用是机器人系统集成应用的主要方式。

本章通过实际案例介绍基于 PLC 的工业机器人系统集成技术，由 PLC 配套触摸屏发出一键启动命令，先启动外部传送带运输物料，到达视觉分拣区后，机器人自动运行视觉程序，抓取物料，并根据触摸屏发出的码垛样式完成码垛，实现多种物料的自动分拣与码垛的功能。

技能目标

1. 掌握机器人 PNS 方式的程序选择与自动运行控制方法。
2. 掌握 PLC 与触摸屏、变频器控制的方法。
3. 掌握 FANUC 工业机器人 iRVision 视觉分拣的应用方法。
4. 掌握整个系统的软、硬件设计与项目实施的全过程。

思维导图

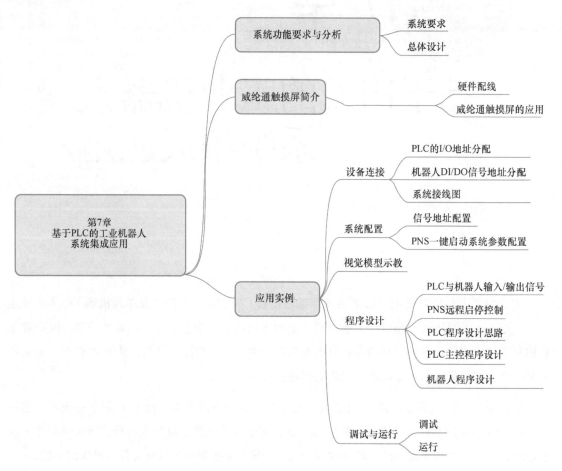

7.1 系统功能要求与分析

7.1.1 系统要求

PLC配套触摸屏发出一键启动命令,先启动外部传送带运输物料,到达视觉分拣区后,机器人自动运行视觉程序,抓取物料,并根据触摸屏发出的码垛样式完成码垛,实现多种物料的自动分拣与码垛的功能。系统要求具有停止、急停和暂停等功能。

本实例拟采用基于PLC作为系统主控的集成技术,主要完成以下几个部分的控制:

1)PLC对变频器进行控制,实现传送带的启停。

2）整个系统输入/输出界面（触摸屏）的设计。

3）PLC与机器人通过网关通信，实现机器人PNS程序的一键启动控制。

4）通过机器视觉系统实现物料的智能分拣。

5）机器人根据用户设置的码垛样式，完成物料搬运与码垛。

6）完善系统功能。

7.1.2 总体设计

针对上述系统要求，采用基于PLC作为主控的集成技术，总体设计方案如下：

1）完成变频器参数设置，设定好速度设定方式和启停控制方式，做好准备。

2）用PLC控制变频器，实现传送带的启停控制。

3）整个系统输入/输出界面（触摸屏）的设计，包括机器人一键启停控制、码垛样式设置、码垛完毕的处理控制以及各阶段系统状态显示等内容。

4）物料到达视觉分拣区后，光电传感器检测到物料到位，将传感器信号传到PLC，PLC响应该信号，实现电磁阀和气缸的控制，将挡板上升，使物料固定在视觉分拣区。

5）机器人控制器调用视觉识别和分拣子程序，实现物料的自动分拣。

6）PLC读取用户通过触摸屏设置的码垛样式，并将数据发送给机器人，机器人完成不同物料的码垛以及物料托盘的码垛。

7）当某种物料的码垛完成时，机器人程序暂停，将码垛完成信号发送给PLC，并在触摸屏中的码垛完成区进行显示，等待用户的后续处理（用户手动拿走物料或通知AGV小车运走物料），实现整个系统的半自动或全自动控制。

8）为机器人添加一键启动的PNS自动启停控制功能，实现整个系统的自动工作。

9）进一步完善系统运行，为系统添加各种急停、暂停以及暂停后再启动等功能。

7.2 威纶通触摸屏简介

本实例的人机界面采用威纶通触摸屏，以完成动作控制和数据信号显示。威纶通触摸屏的外形如图 7-1 所示。

触摸屏型号选用的是 MT8070iH5（800×480）。

1. 硬件配线

威纶通 MT8070iH5 触摸屏的接口示意图如图 7-2 所示。这里采用以太网的形式完成 PLC 与触摸屏的连接控制。

图7-1　威纶通触摸屏

a	电源接口	d	USB Client(USB客户端接口)
b	Com1 RS232 Com1 RS485 2W/4W	e	以太网接口
c	USB Host(USB主设备接口)		

图7-2　威纶通触摸屏接口示意图

2. 威纶通触摸屏的应用

下面以西门子 S7-1200 为例，介绍威纶通触摸屏作为 PLC 人机界面的使用方法。

1）安装好触摸屏界面设计与配置软件 EasyBuilder8000，并打开软件，如图 7-3 所示。

2）单击"EasyBuilder8000"按钮，进入触摸屏设计初始界面，如图 7-4 所示。

图7-3　EB8000软件配置界面

3）单击新建一个文件，弹出如图 7-5 所示的对话框。选择型号为 MT6070iH5/MT8070iH5（800×480），单击"确定"按钮。

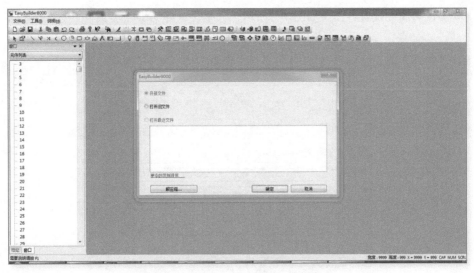

图7-4　EB8000触摸屏设计初始界面

图7-5　触摸屏型号选择界面

4）弹出触摸屏系统参数设置界面，如图7-6所示，单击"新增"按钮。

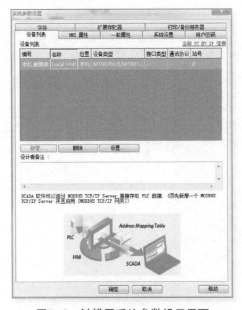

图7-6　触摸屏系统参数设置界面

5）弹出设备属性设置界面，如图 7-7 所示，分别设置好第 1~4 步；

注意　第 4 步的 IP 地址指的是与该触摸屏关联的 PLC 的 IP 地址。

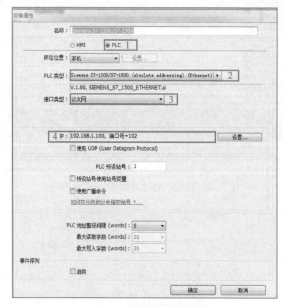

图7-7　设备属性设置界面

6）界面设计。

①按钮的制作。按照图 7-8 所示的第 1~5 步操作后，单击工具栏或菜单中的"位状态设置"，然后在主界面上画出一个矩形框即可。制作开关时，只需要将"开关类型"改为"切换开关"。

图7-8　按钮制作的步骤

② 界面切换的按钮必须采用功能键进行切换，如图 7-9 所示的第 1~4 步。

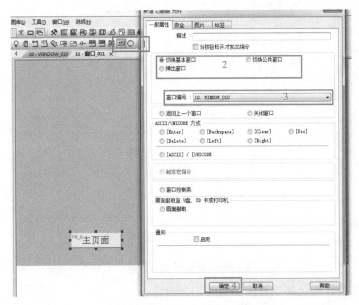

图7-9 页面切换功能制作的步骤

③ 指示灯的制作。按照图 7-10 所示的第 1~4 步操作，如果希望改变指示灯的外形，可以按照图 7-11 所示的第 5~8 步操作。

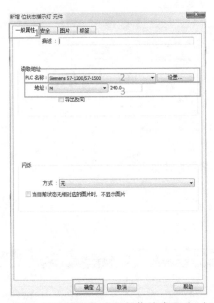

图7-10 指示灯功能制作的步骤（1）

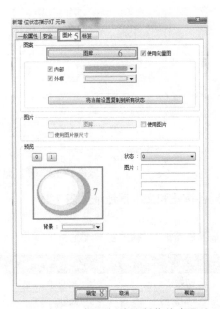

图7-11 指示灯功能制作的步骤（2）

④ 输入 / 输出数值元件的制作。按照图 7-12 所示的第 1~5 步操作后，单击工具栏或菜单中的"数值"元件，然后在主界面上画出一个矩形框即可。更改"数值输入"和"数字格式"标签的相应内容，可以修改数字格式或输入数字范围等。

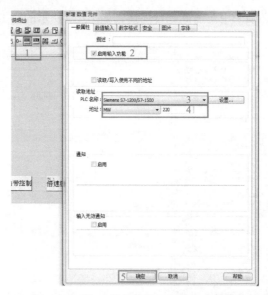

图7-12 输入/输出数值元件制作的步骤

根据系统要求设计的触摸屏界面如图 7-13 所示。

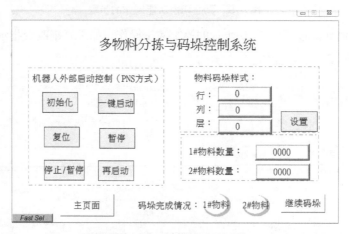

图7-13 项目触摸屏界面设计图

触摸屏各按钮和文本框地址见表 7-1。

表 7-1 触摸屏界面输入 / 输出变量地址表

元件名称		地址		元件名称	地址
按钮	初始化	M200.0	文本框指示灯	码垛行	MW206
	一键启动	M200.1		码垛列	MW208
	暂停	M220.2		码垛层	MW210
	复位	M220.5		1# 物料数量	MW202
	停止 / 暂停	M220.4		2# 物料数量	MW204
	再启动	M220.3		1# 物料	M240.0
	设置	M212.0		2# 物料	M240.1
	继续码垛	M240.5			

7）编译与下载。

① 编译。单击工具栏或菜单"工具"中的"编译"，弹出如图 7-14 所示的编译界面。单击"开始编译"按钮，开始编译。

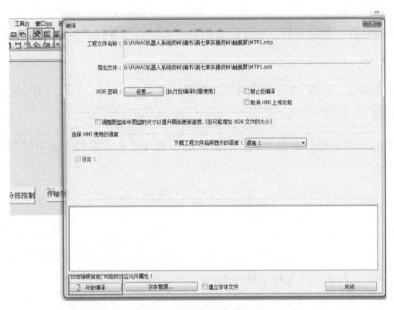

图7-14　触摸屏编译界面

② 下载。单击工具栏或菜单"工具"中的"下载"，弹出如图 7-15 所示的下载界面。依次操作第 1~5 步，完成触摸屏界面的下载。

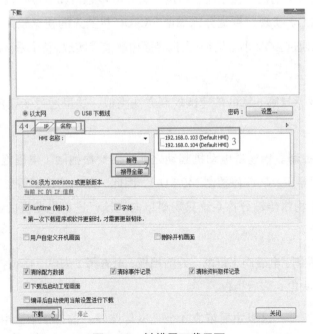

图7-15　触摸屏下载界面

注意　这里的第3步显示的IP指的是待下载的触摸屏的IP。记住搜索出来的触摸屏IP地址，单击第4步的"IP"按钮，输入IP地址，再单击"下载"按钮即可。

8）调试与运行。

① 打开博图软件，新建项目，进行设备组态，添加新设备时，一律采用"获取"的方式进行设备选型。

② 修改设备属性。将IP地址改为与刚才触摸屏中设置的PLC一致的IP，连接机制改为允许远程访问控制。

③ 写入PLC程序，进行监视与联调。具体的步骤详见本章案例实施中的PLC程序设计部分的内容。

7.3　应用实例

本应用实例与第6章基于机器人控制器的系统集成应用实例一样，也采用倍速链实现物料的传输，主要由机架、电动机、变频器、倍速链、光电传感器和定位挡板等组成；系统主控采用可编程控制器（PLC）实现；视觉分拣采用FANUC机器人的视觉软件iRVision实现；码垛完成后由人工搬走或通过AGV小车运走；人机界面由触摸屏实现。整个系统的总体框架如图7-16所示。

（1）倍速链控制　与第6章的倍速链控制方法类似，这里通过变频器控制倍速链电动机实现。

1）电动机起停控制。倍速链电动机起动之前，需要松抱闸（电磁抱闸线圈得电），然后再起动电动机（变频器正反转起停控制M0/M1）。因此，起动倍速链需要三个条件：设频率+松抱闸+起动。由于物料传输分拣系统只需要单向运输，这里电动机的运转可以只接M0正转信号。

2）分拣区挡板控制：电磁阀1得电，升前挡板；电磁阀1失电，降前挡板；电磁阀2得电，升后挡板；电磁阀2失电，降后挡板。

3）分拣区位置控制：这里主要依靠4个光电传感器：前部1个、中部1个、尾部2个，用于判断物料的当前位置。关键定位传感器是靠近挡板位置的光电传感器3。

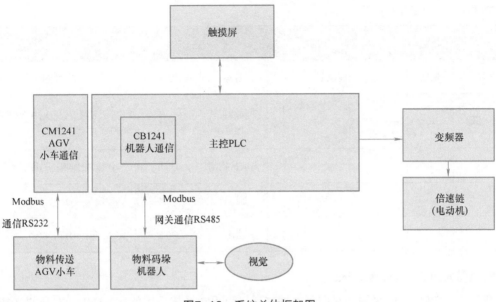

图7-16　系统总体框架图

（2）视觉分拣与码垛控制　与第 6 章的视觉分拣与码垛控制方法类似，这里通过 FANUC 机器人的视觉软件 iRVision 实现。

（3）人机界面控制　采用威纶通触摸屏作为整个系统的人机界面，实现它与 PLC 的输入 / 输出控制。

（4）码垛完成后续处理　为了简单起见，这里采用码垛完成后，由人工搬运后按下"继续码垛"按钮，再继续运行的方式实现半自动生产控制。如果需要实现全自动生产，则需要用到类似 AGV 小车的设备与 PLC 通信，当码垛完成后，PLC 发送信号给 AGV，AGV 响应该信号，及时运走物料，并反馈信号给 PLC，PLC 再发送信号给机器人，继续进行分拣与码垛。详细的实现方式可参考第 8 章的相关内容。

（5）PLC 与机器人之间的通信控制　由于需要进行交互的数据较多，不仅需要进行数字输入 / 输出信号的交互，还需要进行码垛数量（包括码垛样式的行、列、层数据和各种物料总的码垛数量）的交互，因此，这里采用网络通信的方式实现通信控制。

7.3.1　设备连接

1. PLC的I/O地址分配

PLC 与机器人之间采用的是网关数据交互，而人机界面采用的是触摸屏，所以本系统需要用到的 I/O 点非常少，只在倍速链控制时需要用到几个 I/O 点。具体的 PLC I/O 地址分配见表 7-2。

> 注意　PLC 与机器人之间的网关数据通信的地址分配详见后面 PLC 程序设计的相关内容。

表7-2　PLC 的 I/O 地址分配表

输入			输出		
名称	地址	功能说明	名称	地址	功能说明
光电传感器3	I0.3	=ON，表明有物料到达检测区 =OFF，表明检测区无物料	变频器正转起停	Q0.3	在松抱闸后，=ON，电动机正转；=OFF，电动机停止
			电动机抱闸	Q0.6	=ON，松抱闸；=OFF，抱闸
			前挡板	Q0.4	=ON，升；=OFF，降
			后挡板	Q0.5	=ON，升；=OFF，降

2. 机器人DI/DO信号地址分配

机器人与PLC之间采用的是网关数据交互，而视觉系统采用的是 FANUC 本身的 iRVision 软件，所以本系统需要外接线的 DI/DO 点非常少，只在工具吸盘控制时需要用到几个 DO 点。但机器人与 PLC 的网关通信也需要分配 DI/DO 地址（具体各个 DI/DO 地址对应的含义详见后面程序设计的相关内容）。机器人控制器 DI/DO 地址分配见表 7-3。

表7-3　机器人系统 DI/DO 地址分配表

输　入			输　出		
名称	地址	功能说明	名称	地址	功能说明
			双头吸盘工具	DO[101]	双头吸盘用于拿放托盘
			单头吸盘工具	DO[102]	=ON，小吸盘吸物料 =OFF，小吸盘放物料
PLC 输出的数据	DI[121]~DI[184]	PNS 启停控制信号，码垛样式设置的行列号数据等	PLC 的输入数据	DO[121]~DO[184]	PNS 启停控制信号、物料码垛完成的数量数据等

3.系统接线图

系统接线示意图如图 7-17 所示。

7.3.2　系统配置

1.信号地址配置

参考本书第 2 章机器人通过网关进行数据交互的方法，完成本实例的信号地址分配，具体步骤如下：

1）打开示教器 DI 分配界面，将机器人 DI 信号地址分配为 DI[121]~DI[184]：机架 89、槽号 1、开始点 1，如图 7-18 所示。

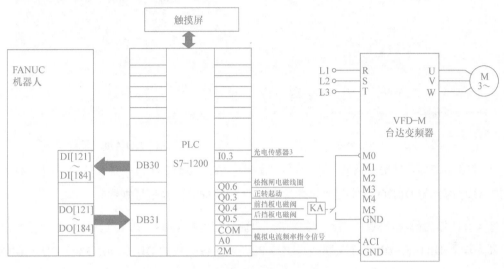

图7-17 系统接线示意图

2）打开示教器 DO 分配界面，将机器人 DO 信号地址分配为 DO[121]~DO[184]：机架 89、槽号 1、开始点 1，如图 7-19 所示。

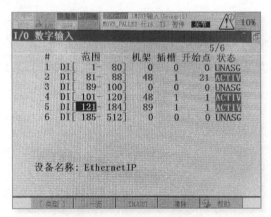

图7-18 DI地址分配界面

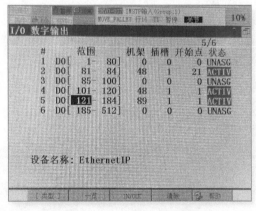

图7-19 DO地址分配界面

3）打开示教器 UI 分配界面，将 UI 信号与对应的 DI 信号进行关联。如图 7-20 所示，将机器人 UI[1]~UI[18] 信号地址分配为机架 89、槽号 1、开始点 1，与机器人输入 DI[121]~DI[138] 关联，与主控 PLC 发送数据块的前 18 位 DB30.DBX0.0~DB30.DBX2.1 一一对应。

4）打开示教器 UO 分配界面，将 UO 信号与对应的 DO 信号进行关联。如图 7-21 所示，将机器人 UO[1]~UO[20] 信号地址分配为机架 89、槽号 1、开始点 1，与机器人输出 DO[121]~DO[140] 关联，与主控 PLC 接收数据块的前 20 位 DB31.DBX0.0~DB31.DBX2.3 一一对应。

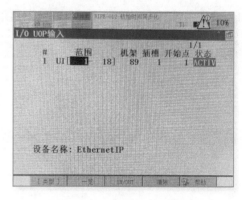

图7-20　UI地址分配界面　　　　图7-21　UO地址分配界面

5）打开示教器 GI 分配界面，如图 7-22 所示，按下【MENU】→【5 I/O】→【5 组】，进入 GI/GO 界面，与 DI/DO 操作类似，进行 GI/GO 的地址分配与信号查看。

① GI[1] 作为码垛样式中"行"号数据，地址分配为机架 89、槽号 1、开始点 25、8 个点，与机器人输入 DI[145]~DI[152] 关联，与主控 PLC 发送数据块的 DB30.DBX3.0 ~ DB30.DBX3.7 一一对应。

② GI[2] 作为码垛样式中"列"号数据，地址分配为机架 89、槽号 1、开始点 33、8 个点，与机器人输入 DI[153]~DI[160] 关联，与主控 PLC 发送数据块的 DB30.DBX4.0 ~ DB30.DBX4.7 一一对应。

③ GI[3] 作为码垛样式中"层"号数据，地址分配为机架 89、槽号 1、开始点 41、8 个点，与机器人输入 DI[161]~DI[168] 关联，与主控 PLC 发送数据块的 DB30.DBX5.0 ~ DB30.DBX 5.7 一一对应。

地址分配完毕后的效果如图 7-23 所示。

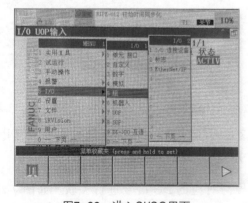
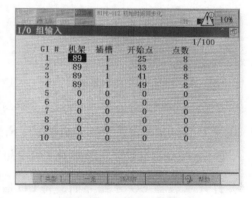

图7-22　进入GI/GO界面　　　　图7-23　GI地址分配界面

6）打开示教器 GO 分配界面，如图 7-24 所示，对 GO 分配地址如下：

① GO[1] 作为 1# 物料码垛数量的数据，地址分配为机架 89、槽号 1、开始点 25、16 个

点，与机器人输出 DO[145]~DO[160] 关联，与主控 PLC 接收数据块的 DB31.DBX3.0 ~ DB30. DBX4.7 一一对应。

② GO[2] 作为 2# 物料码垛数量的数据，地址分配为机架 89、槽号 1、开始点 41、16 个点，与机器人输出 DO[160]~DO[176] 关联，与主控 PLC 接收数据块的 DB31.DBX5.0 ~ DB30. DBX6.7 一一对应。

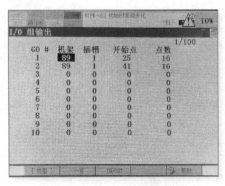

图7-24　GO地址分配界面

> **注意**　地址分配完毕后必须重启机器人，使分配生效。

2. PNS一键启动系统参数配置

参考第 3 章 PNS 方式远程控制实例的相关内容，完成系统参数配置。具体操作步骤如下：

1）打开"选择程序"界面。点击【MENU】→【6 设置】→【1 选择程序】，选择 PNS 方式，如图 7-25 所示。

2）设置机器人一键启动程序名称为 PNS0001。在"选择程序"界面下，点击 F3【详细】，设置"基数"为 0，"确认信号脉冲宽度"可以设置得长一些，以确保能读到信号，如图 7-26 所示，设置为 4s。

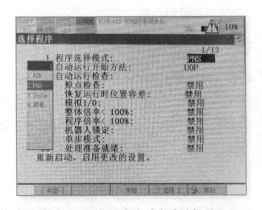

图7-25　PNS程序启动方式选择界面

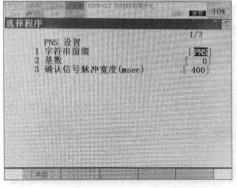

图7-26　PNS基数设置界面

3）打开系统参数设置界面。点击【MENU】→【0下页】→【6系统】→【5配置】，进入系统参数设置界面，如图7-27所示，分别完成7、8、9、10、43号参数的设置。

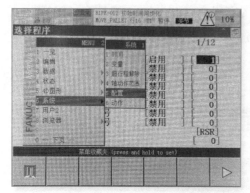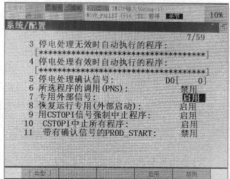

图7-27 系统参数设置界面

① 启用"7专用外部信号"。

② 启用"8恢复运行专用（外部启动）"。

③ 将"43远程/本地设置"设定为"远程"。

④ 启用"9用CSTOPI信号强制中止程序"。

⑤ 启用"10 CSTOPI中止所有程序"。

7.3.3 视觉模型示教

参考第6章的视觉分拣的相关内容，完成相机的校准以及物料模型的示教。关键步骤如下：

1）采用六点法创建工具坐标系，并激活该坐标系。

2）采用四点法创建用户坐标系，并激活该坐标系。

3）配置iRVision软件，包括新建相机（CZ）和校准相机（CZ2）。

4）创建视觉处理程序，完成圆形物料和六边形物料的模型示教。

7.3.4 程序设计

本实例的程序设计包括两大部分：主控PLC程序和机器人控制程序。主控PLC程序主要包括PLC与机器人Modbus通信模块、倍速链启停控制模块、PNS一键启停控制模块、物料计数模块、码垛样式设置模块以及码垛完成后续处理模块等。机器人控制程序主要包括PNS启停反馈模块、视觉分拣模块和物料码垛模块三个部分。

1. PLC与机器人输入/输出信号

（1）PLC输出（机器人输入）信号 PLC输出（机器人输入）信号主要包括PNS启停控

制信号、开始拍照检出信号、码垛样式行列数据和继续码垛信号。具体信号及含义见表7-4。

表 7-4 PLC 输出（机器人输入）信号表

信号名称	PLC 地址	触摸屏地址	机器人地址	功能说明
PNS 启停控制信号	DB30.DBX0.0~DB30.DBX2.1	M200.0 初始化 M200.1 启动 M220.4 停止 M220.5 复位	DI[121]~DI[138]	共18个位信号。机器人的 DI[121]~DI[138] 别对应 UI[1]~UI[18]，用于 PNS 启停控制
拍照检出信号	DB30.DBX2.7	无	DI[144]	单个位信号。物料到位，挡板升起，固定好托盘后，通知机器人开始拍照检出
行号 列号 层号	DB30.DBX3.0~3.7 DB30.DBX4.0~4.7 DB30.DBX5.0~5.7	MB207 行号 MB209 列号 MB211 层号 M212.0 设置	DI[145]~DI[152] DI[153]~DI[160] DI[161]~DI[168]	共3个字节的数据。GI[1] ~ GI[3] 分别保存行、列、层数据
继续码垛信号	DB30.DBX7.0	M240.5 继续码垛	DI[177]	单个位信号。物料已经移走，请求继续码垛的信号

> **注意** 触摸屏中的数据输入"数值"元件只能有 MW 的字长单元，如行号字地址 MW206 是由 MB206 和 MB207 两个字节组成的，对应到网关数据通信中只用字节或位通信，只取该字地址的低8位 MB207 即可。

（2）机器人输出（PLC 输入）信号 机器人输出（PLC 输入）信号主要包括 PNS 启停控制的反馈信号、物料数量数据和码垛完成信号。具体信号及含义见表7-5。

表 7-5 机器人输出（PLC 输入）信号表

信号名称	PLC 地址	触摸屏地址	机器人地址	功能说明
PNS 启停控制反馈信号	DB31.DBX0.0~DB31.DBX2.3	M200.0 初始化 M200.1 启动 M220.4 停止 M220.5 复位	DO[121]~DO[140]	共20个位信号。机器人的 DO[121]~DO[140] 分别对应 UO[1]~UO[20]，作为 PNS 启停的反馈信号
1# 物料数量	DB31.DBX3.0~4.7	MW202	DO[145]~DO[160]	GO[1] 有2个字节，用于存放 1# 物料的数量
2# 物料数量	DB31.DBX5.0~6.7	MW204	DO[161]~DO[176]	GO[2] 有2个字节，用于存放 2# 物料的数量
1# 物料码垛完成信号	DB31.DBX7.0	M240.0	DO[177]	1# 物料码垛完成标记
2# 物料码垛完成信号	DB31.DBX7.1	M240.1	DO[178]	2# 物料码垛完成标记

2. PNS 远程启停控制

（1）启动控制 机器人 PNS 远程启动控制的时序如图 7-28 所示。

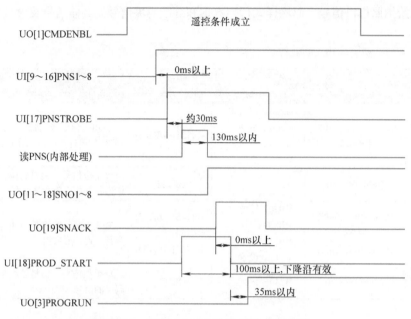

图7-28 机器人PNS远程启动控制时序图

PNS 基本的启动过程如下：

1）当机器人的远程遥控条件成立（参考第 3 章相关知识）时，机器人的 UO[1]=ON。

2）此时，当 UI[9]~UI[16] 某些位为 ON，机器人系统会自动选中相应的 PNS 程序（本项目中 PNS 基数 =0，当 UI[9]=ON，其余位为 OFF 时，选中的程序即为 PNS0001）。

3）机器人接收到滤波信号 PNSTROBE（UI[17]）上升沿后，以大约 15ms 为间隔读出 PNS1~PNS8 信号两次，将其转换为十进制数。

4）同时作为确认而输出 SNO1~SNO8。

5）几乎与此同时输出确认信号 SNACK（UO[19]）信号。

6）外部设备根据该确认信号发出自动运转启动输入信号 PROD_START（UI[18]），下降沿有效，即保持 ON100ms 以上，再转为 OFF，则相应的 PNS 程序启动。

7）同时发出 PROGRUN 信号（UO[3]）。

（2）停止控制 机器人程序停止主要有以下三种方式：

1）急停。按下示教器或面板上的急停按钮，或机器人到达工作极限位置，或发生断电等异常情况，机器人都会急停。此时，紧急停机 IMSTP 信号 UI[1]=OFF，系统发出警报后断开伺服电源，同时瞬间停止机器人的动作，中断程序的执行。UI[1] 可通过软件设置。

2）循环停。在系统参数配置界面中，将"CSTOPI 信号强制中止程序"设置为有效，当 CSTOPI 信号 UI[4]=ON 时，当前程序会立即停止，且不会产生报警信号。此时，若设置再次启动 START 信号 UI[6]=ON，则机器人程序从该停止位置继续向后执行；若设置自动操作开始 PROD_START 信号 UI[18] 一个下降沿，则机器人重新从第1行起执行 PNS 所选择的程序。

3）暂停。暂停 HOLD 信号 UI[2] 可从外部设备发出。该信号正常状态时为"ON"，当变为"OFF"时，系统减速停止执行的动作，中断程序的执行；若系统参数配置时设定了"暂停时伺服"为启动，则系统停止机器人动作后，发出报警并断开伺服电源；后面再输入 START 信号时，机器人程序可再次从中断的位置继续执行，但必须先清除报警信号 UI[5]（下降沿有效）。

可见，PNS 远程启停控制时，循环停功能较为灵活，既可以立即中止当前程序，且不产生报警信息，直接选择设置 UI[6] 可从中断处继续执行，也可以直接选择设置 UI[18]，使机器人从头开始执行程序。本实例重点对循环停进行编程控制。

根据上述启停过程，本实例拟设计 PLC 对机器人 PNS 远程启停控制流程如图 7-29 所示。

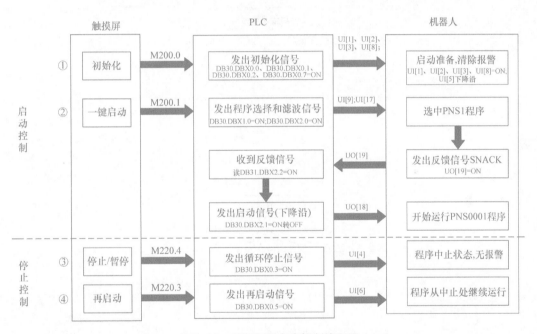

图7-29　PNS远程启停控制流程图

3. PLC程序设计思路

PLC 程序主要完成以下功能：

1）实现 PLC 与机器人 Modbus 通信，完成数据交互。

2）启停倍速链，并进行调速。

3）PNS 一键启停控制。

4）物料计数与显示。

5）码垛样式设置。

6）码垛完成后续处理等。

PLC 控制系统总的程序流程如图 7-30 所示。

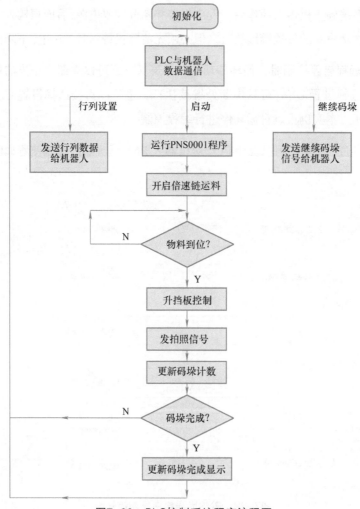

图7-30　PLC控制系统程序流程图

4. PLC主控程序设计

（1）创建 PLC 基本环境

1）打开博图软件，如图 7-31 所示，单击"创建新项目"，弹出如图 7-32 所示的界面，修改项目名称，单击"创建"。

2）重新弹出图 7-31 所示的初始界面，单击"打开项目视图"，弹出如图 7-33 所示的界面，双击左侧导航条的"添加新设备"，弹出如图 7-34 所示的界面，选择设备型号。

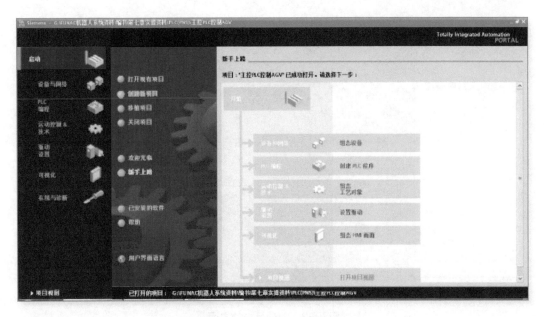

图7-31　博图软件初始界面

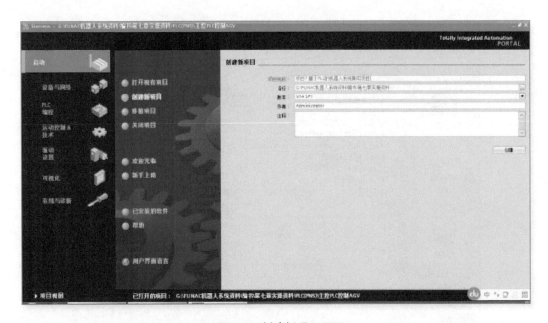

图7-32　创建新项目界面

3）采用自动获取硬件设备型号的方式选择 PLC 设备型号，按照图 7-35 所示第 1~4 步操作，弹出如图 7-36 所示的自动获取界面，单击"获取"，结果如图 7-37 所示。若不能成功获取，可能是网线或计算机 IP 地址设置错误，需改成同一网段、不同末位值的 IP 号。

4）单击状态栏中的"属性"标签，如图 7-38 所示，修改 PLC 的 IP 地址。该 IP 地址必须与计算机处于同一网段，如"192.168.0.***"，但末尾 IP 号不相同。

图7-33 新项目初始界面

图7-34 添加新设备初始界面

图7-35　PLC添加型号选择界面

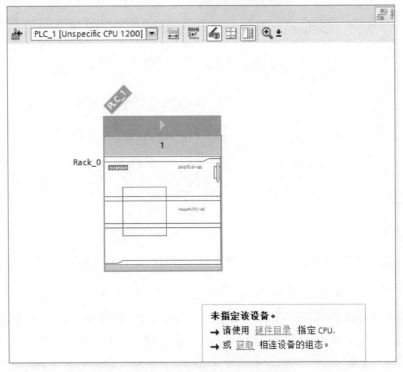

图7-36　PLC添加硬件自动获取界面

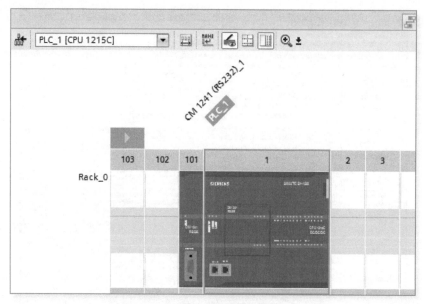

图7-37　PLC系统硬件设备

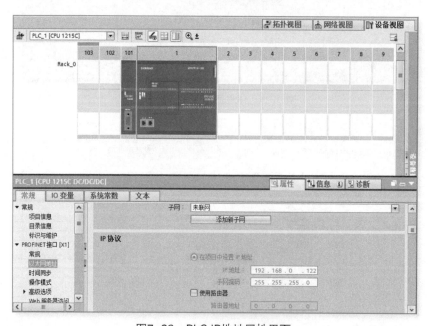

图7-38　PLC IP地址属性界面

5）打开"属性"选项卡左侧的"防护与安全"中的"连接机制"，如图7-39所示，勾选"允许来自远程对象的 PUT/GET 通信访问"。这个选项必须选中，否则触摸屏不能与 PLC 实现联动。

6）打开"属性"选项卡左侧的"脉冲发生器"中的"系统和时钟存储器"，如图7-40所示，若勾选"启用系统存储器字节"，则在 PLC 程序中可以直接用 M1.0~M1.3 进行首次接通控制或常通、常断控制。这里因为 PLC 与机器人 Modbus 通信时，需要用到首次导通功能触发数据发送模块运行，所以勾选该项。若需要用到系统某些固定时钟，可以勾选下面的"启用时钟存储器字节"。

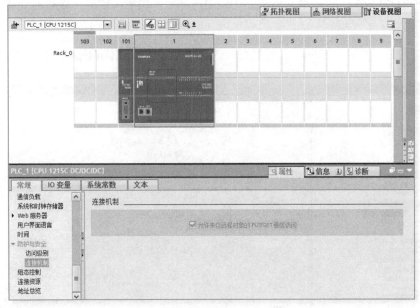

图7-39 PLC连接机制属性界面

至此，PLC 基本环境创建完毕。

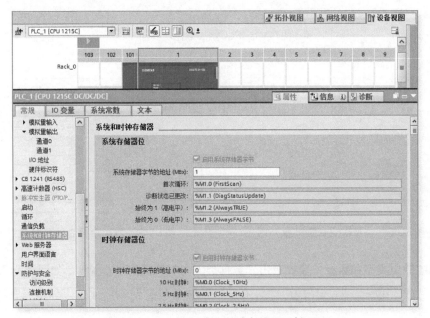

图7-40 PLC的系统和时钟存储器属性界面

（2）PLC 与机器人的 Modbus 通信

1）创建通信数据块。PLC 与机器人之间需要实现双向数据传输，故需要分别创建发送数据块 DB30 和接收数据块 DB31，均为 8 字节 64 位。

2）双击左侧项目树导航条中的"PLC_1"→"程序块"→"添加新块"，弹出"添加新块"对话框，如图 7-41 所示。依次操作图中所示的第 2~5 步，单击"确定"按钮后，弹出如图 7-42 所示的界面。

3）在"名称"栏输入"data"，数据类型选择"Array [lo...hi] of type"，如图 7-43 所示。

图7-41　PLC添加数据块界面

图7-42　添加数组变量界面（1）

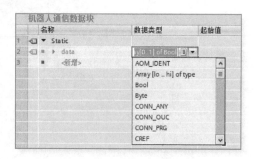

图7-43　添加数组变量界面（2）

4）修改数组类型和数组长度。单击"数据类型"右侧的向下小箭头，如图 7-44 所示，选择"数据类型"为"Byte"，"数组限值"为"0..7"，一共 8 个字节，共 64 位。创建完成后的效果如图 7-45 所示。

5）取消数据块优化访问设置，便于实现数据块的按位寻址。右键单击导航条中的"机器人通信数据块"，选择"属性"，如图 7-46 所示，弹出机器人通信数据块属性界面，取消勾选"优化的块访问"，如图 7-47 所示。

图7-44 添加数组变量界面（3）　　　图7-45 添加数组变量界面（4）

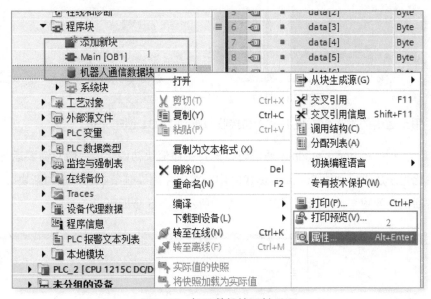

图7-46 打开数据块属性界面

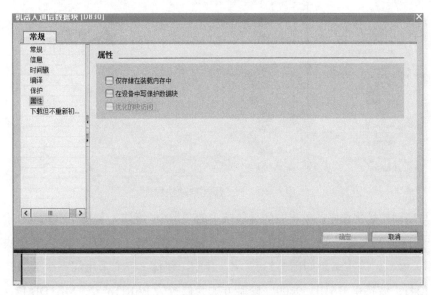

图7-47 机器人通信数据块属性界面

6）创建接收数据块 DB31。它与创建发送数据块 DB30 的步骤类似，也是 8 字节 64 位。最终效果如图 7-48 所示。

图7-48　接收数据块DB31的rev数组变量

至此，用于通信的发送数据块 DB30 和接收数据块 DB31 创建完毕。

7）创建启动块 Startup。Modbus 通信时，需要将通信块初始化，一般只需要运行一次，因此，将初始化程序放进启动块 Startup[OB100] 中。双击左侧导航条中的"添加新块"，弹出"添加新块"对话框，如图 7-49 所示，依次操作图中所示第 2~5 步即可。

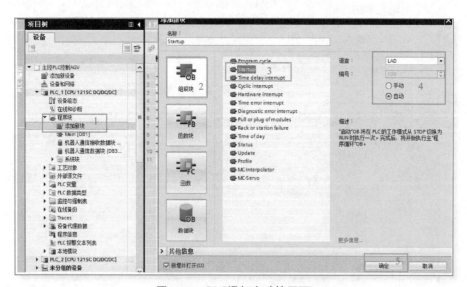

图7-49　PLC添加启动块界面

8）编写启动初始化程序。单击右侧导航条中的"指令"标签，如图 7-50 所示，依次选择→"通信"→"通信处理器"→"MODBUS"→"MB_COMM_LOAD"，将初始化块拖入程序中，设置相关参数，编程结果如图 7-51 所示。其中，硬件 PORT 采用同一个 RS485 通信模块 Local_CB_1241，波特率 BAUD=9600，校验方式为偶校验 PARITY=2，MB_DB 依次为发送块 DB2 和接收块 DB8，这两个块就是正式通信编程时发送数据和接收数据的指令块。

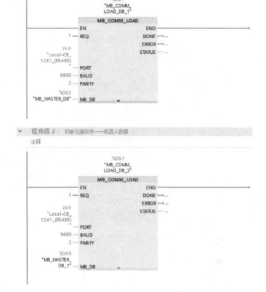

图7-50　打开初始化指令　　　　　图7-51　PLC与机器人通信初始化程序

9）创建 FC 函数块，用于编写主控程序。这里采用新建一个专门的 FC 函数的方式进行程序设计。双击左侧导航条中的"添加新块"，弹出"添加新块"对话框，如图 7-52 所示，依次操作图中所示第 2~5 步即可。

图7-52　PLC添加FC函数界面

10）编写数据发送和数据接收程序。这里采用首次上电，PLC 先启动发送指令一次，发送完毕，再触发接收数据块，接收完毕再次触发发送……以此循环的方式实现 PLC 与机器人之间的数据通信。具体的程序如图 7-53 所示。

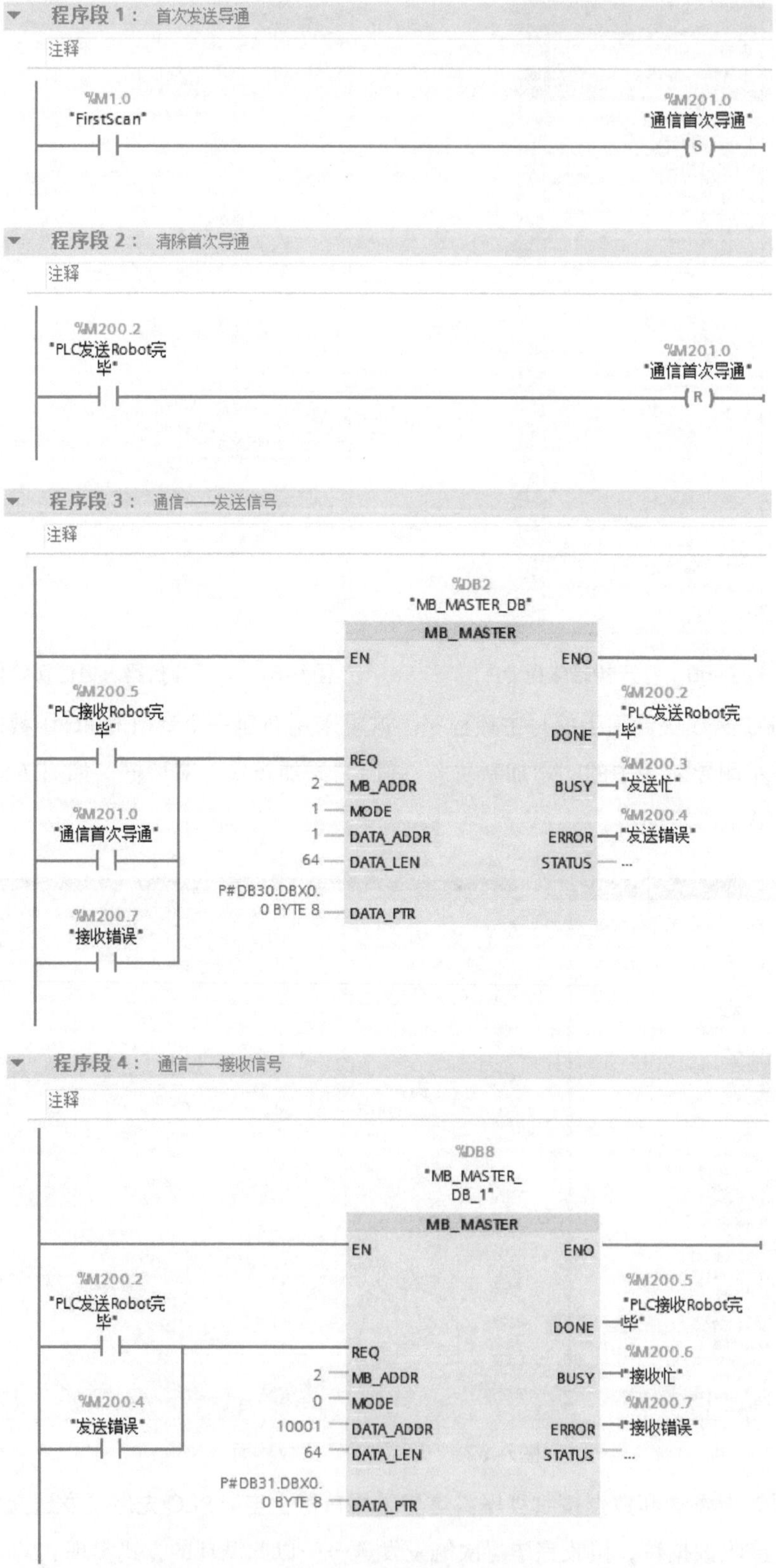

▼　程序段 1：首次发送导通

注释

```
      %M1.0                                                    %M201.0
   "FirstScan"                                               "通信首次导通"
      ┤ ├                                                         ─( S )─
```

▼　程序段 2：清除首次导通

注释

```
      %M200.2                                                   %M201.0
  "PLC发送Robot完                                             "通信首次导通"
       毕"
      ┤ ├                                                         ─( R )─
```

▼　程序段 3：通信——发送信号

注释

```
                                              %DB2
                                          "MB_MASTER_DB"
                                    ┌─────────────────────────┐
                                    │        MB_MASTER        │
                                    │ EN                  ENO │
                                    │                         │
      %M200.5                       │                         │        %M200.2
  "PLC接收Robot完                    │                         │    "PLC发送Robot完
       毕"                           │                  DONE ─┤        毕"
      ┤ ├────────────────┬──────────│ REQ                     │
                         │        2 ─│ MB_ADDR         BUSY ─┤        %M200.3
      %M201.0            │        1 ─│ MODE                   │       "发送忙"
   "通信首次导通"          │        1 ─│ DATA_ADDR      ERROR ─┤        %M200.4
      ┤ ├────────────────┤       64 ─│ DATA_LEN      STATUS ─┤       "发送错误"
                         │           │                         │
      %M200.7            │  P#DB30.DBX0.                       │
   "接收错误"             │   0 BYTE 8 ─│ DATA_PTR               │
      ┤ ├────────────────┘           └─────────────────────────┘
```

▼　程序段 4：通信——接收信号

注释

```
                                              %DB8
                                          "MB_MASTER_
                                              DB_1"
                                    ┌─────────────────────────┐
                                    │        MB_MASTER        │
                                    │ EN                  ENO │
                                    │                         │
      %M200.2                       │                         │        %M200.5
  "PLC发送Robot完                    │                  DONE ─┤    "PLC接收Robot完
       毕"                           │                         │        毕"
      ┤ ├────────────────┬──────────│ REQ                     │
                         │        2 ─│ MB_ADDR         BUSY ─┤        %M200.6
      %M200.4            │        0 ─│ MODE                   │       "接收忙"
   "发送错误"             │    10001 ─│ DATA_ADDR      ERROR ─┤        %M200.7
      ┤ ├────────────────┘       64 ─│ DATA_LEN      STATUS ─┤       "接收错误"
                                      │                         │
                          P#DB31.DBX0.│                         │
                           0 BYTE 8 ─│ DATA_PTR               │
                                    └─────────────────────────┘
```

图7-53　数据发送和接收程序

在 Main[OB1] 块中调用 FC 函数，将 "PNS 一键启动" FC 函数拖入到 Main 块中。具体的程序如图 7-54 所示。

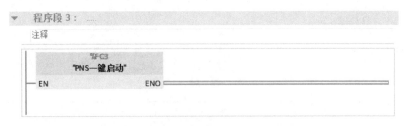

图7-54   "PNS一键启动"FC函数调用

11）通信功能测试。

> **注意**   PLC 程序编写时需要一边编写，一边调试。每完成一部分功能，就需要进行调试，检验程序的正确性，有错就修改，无错再继续往下编写。切忌将所有代码都编完了再统一调试，以免功能混乱，导致修改困难。

通信功能测试步骤如下：

① 修改发送数据块 DB30 的 data 初值，如设置 data[1]=16#0F，data[3]=16#01。

② 编译程序。单击菜单 "编辑" → "编译"，或单击工具栏中的编译键，或直接按快捷键 <Ctrl+B>，完成程序的编译。

③ 下载程序。单击菜单 "在线" → "下载到设备"，或单击工具栏中的下载键，或直接按快捷键 <Ctrl+L>，弹出下载界面，选择网口硬件设备，单击 "开始搜索"（如果搜索不到，请检查网线或计算机 IP 地址是否处于同一网段）。选择搜索出来的硬件 PLC 设备，完成程序的下载。

④ 运行 PLC 程序，并处于监视模式。

⑤ 打开机器人示教器，查看机器人 I/O 信号。打开 DI 一览界面，可见 DI[121]~DI[124] 和 DI[145] 均为 ON，说明 PLC 发送数据正确。打开 DO 一览界面，设置 DO[121]=ON，DO[122]=ON。查看 PLC 程序中的接收数据块 DB31，设置成监视模式，可见 rev[1]=16#03，改变机器人 DO 的其他信号状态，可见 rev 数值也相应变化，说明 PLC 读取数据正确。

（3）PNS 一键启停控制   根据 PNS 一键启停控制流程图（图 7-29），编写 PNS 程序，如图 7-55 所示。

（4）启停倍速链控制   启停倍速链的控制与第 6 章中的倍速链启停控制类似，所不同的是第 6 章采用的是机器人 I/O 控制，而这里采用的是 PLC 控制，具体步骤如下：

1）启停控制。启动信号 Q0.3 和松抱闸信号 Q0.6 均为 ON，则启动倍速链；均为 OFF，则停止倍速链。程序代码如图 7-56 所示。

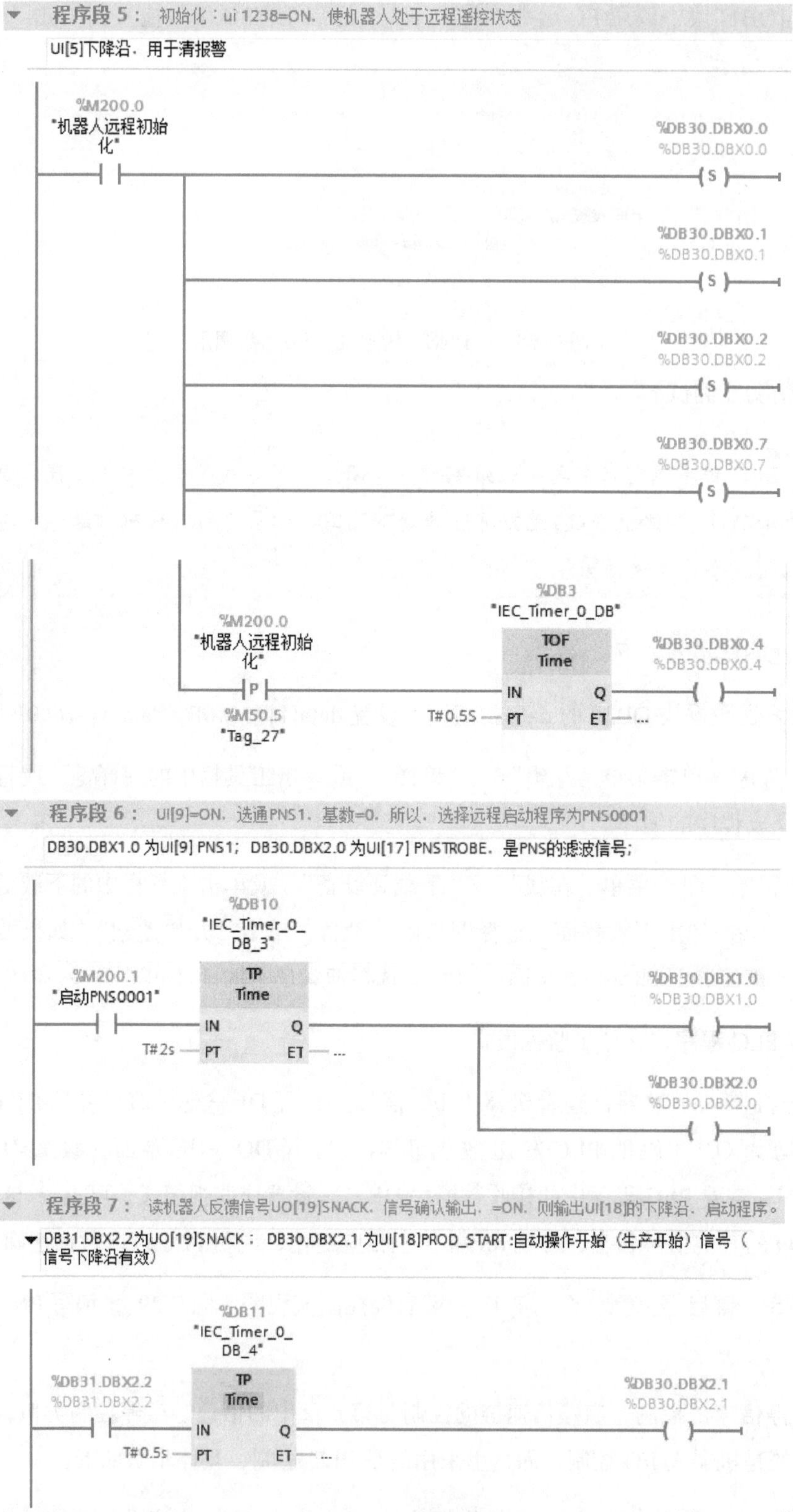

▼　**程序段 5:**　初始化：ui 1238=ON. 使机器人处于远程遥控状态

UI[5]下降沿. 用于清报警

```
      %M200.0                                                          %DB30.DBX0.0
   "机器人远程初始                                                      %DB30.DBX0.0
        化"                                                              ─( S )─
    ───┤ ├───────────┬─────────────────────────────────────────────
                     │                                                %DB30.DBX0.1
                     │                                                %DB30.DBX0.1
                     │                                                  ─( S )─
                     ├─────────────────────────────────────────────
                     │                                                %DB30.DBX0.2
                     │                                                %DB30.DBX0.2
                     │                                                  ─( S )─
                     ├─────────────────────────────────────────────
                     │                                                %DB30.DBX0.7
                     │                                                %DB30.DBX0.7
                     │                                                  ─( S )─
                     └─────────────────────────────────────────────
```

```
                                              %DB3
                                         "IEC_Timer_0_DB"
      %M200.0                                  TOF              %DB30.DBX0.4
   "机器人远程初始                             Time             %DB30.DBX0.4
        化"                             ┌──────────────┐
    ───┤ P ├──────────────────────────┤ IN        Q  ├──────────( )─
      %M50.5                           │              │
      "Tag_27"                   T#0.5S─┤ PT       ET ├─...
                                       └──────────────┘
```

▼　**程序段 6:**　UI[9]=ON. 选通PNS1. 基数=0. 所以, 选择远程启动程序为PNS0001

DB30.DBX1.0 为UI[9] PNS1;　DB30.DBX2.0 为UI[17] PNSTROBE. 是PNS的滤波信号;

```
                        %DB10
                    "IEC_Timer_0_
                        DB_3"
      %M200.1             TP                                    %DB30.DBX1.0
   "启动PNS0001"         Time                                   %DB30.DBX1.0
    ───┤ ├───────┌──────────────┐─────────────────────┬──────────( )─
              ───┤ IN        Q  ├─                     │
                 │              │                      │        %DB30.DBX2.0
          T#2s ──┤ PT       ET ├─...                   │        %DB30.DBX2.0
                 └──────────────┘                      └──────────( )─
```

▼　**程序段 7:**　读机器人反馈信号UO[19]SNACK. 信号确认输出, =ON. 则输出UI[18]的下降沿. 启动程序。

▼ DB31.DBX2.2为UO[19]SNACK;　DB30.DBX2.1 为UI[18]PROD_START:自动操作开始（生产开始）信号（
　信号下降沿有效）

```
                        %DB11
                    "IEC_Timer_0_
                        DB_4"
     %DB31.DBX2.2        TP                                     %DB30.DBX2.1
     %DB31.DBX2.2       Time                                    %DB30.DBX2.1
    ───┤ ├───────┌──────────────┐──────────────────────────────────( )─
              ───┤ IN        Q  ├─
                 │              │
          T#0.5s ┤ PT       ET ├─...
                 └──────────────┘
```

图7-55　PNS程序

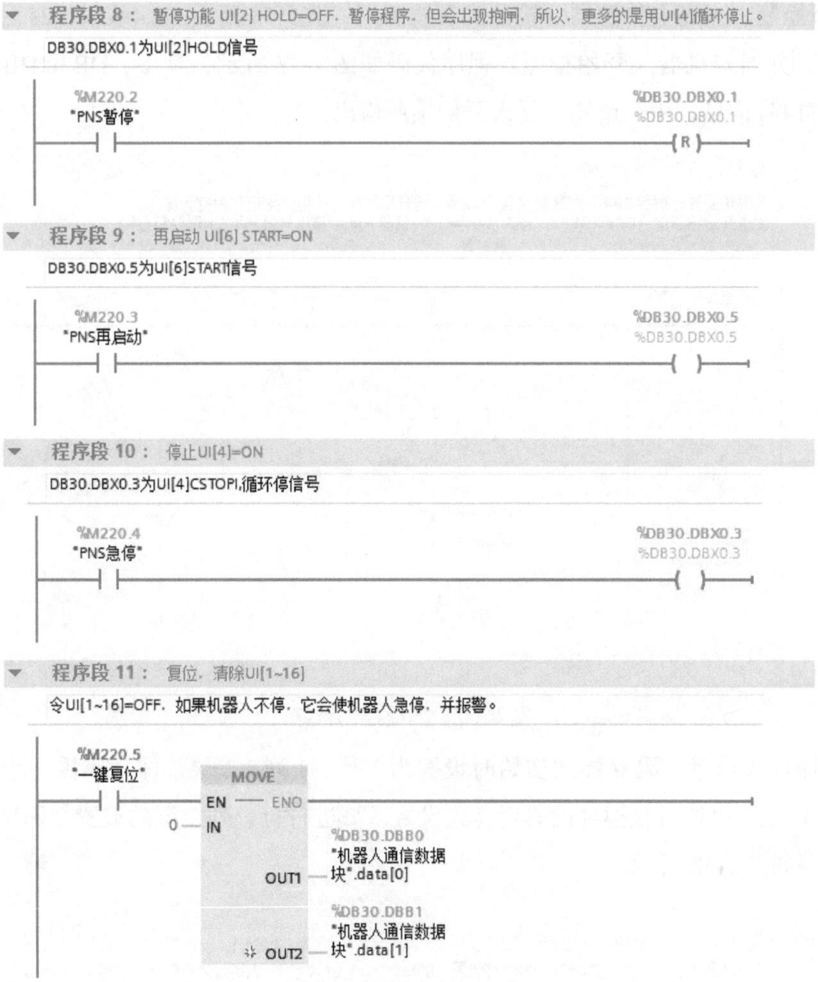

▼ **程序段 8：** 暂停功能 UI[2] HOLD=OFF，暂停程序，但会出现抱闸，所以，更多的是用 UI[4]循环停止。

DB30.DBX0.1为UI[2]HOLD信号

```
  %M220.2                                              %DB30.DBX0.1
  "PNS暂停"                                            %DB30.DBX0.1
   ──┤ ├──────────────────────────────────────────────( R )──
```

▼ **程序段 9：** 再启动 UI[6] START=ON

DB30.DBX0.5为UI[6]START信号

```
  %M220.3                                              %DB30.DBX0.5
  "PNS再启动"                                          %DB30.DBX0.5
   ──┤ ├──────────────────────────────────────────────( )──
```

▼ **程序段 10：** 停止 UI[4]=ON

DB30.DBX0.3为UI[4]CSTOPI,循环停信号

```
  %M220.4                                              %DB30.DBX0.3
  "PNS急停"                                            %DB30.DBX0.3
   ──┤ ├──────────────────────────────────────────────( )──
```

▼ **程序段 11：** 复位，清除UI[1~16]

令UI[1~16]=OFF，如果机器人不停，它会使机器人急停，并报警。

```
  %M220.5       ┌─ MOVE ─┐
  "一键复位"    │        │
   ──┤ ├────────┤EN   ENO├────────────────────────────────
             0 ─┤IN      │
                │        │   %DB30.DBB0
                │        │   "机器人通信数据
                │    OUT1├── 块".data[0]
                │        │   %DB30.DBB1
                │   OUT2 ├── "机器人通信数据
                └────────┘   块".data[1]
```

图7-55 PNS程序（续）

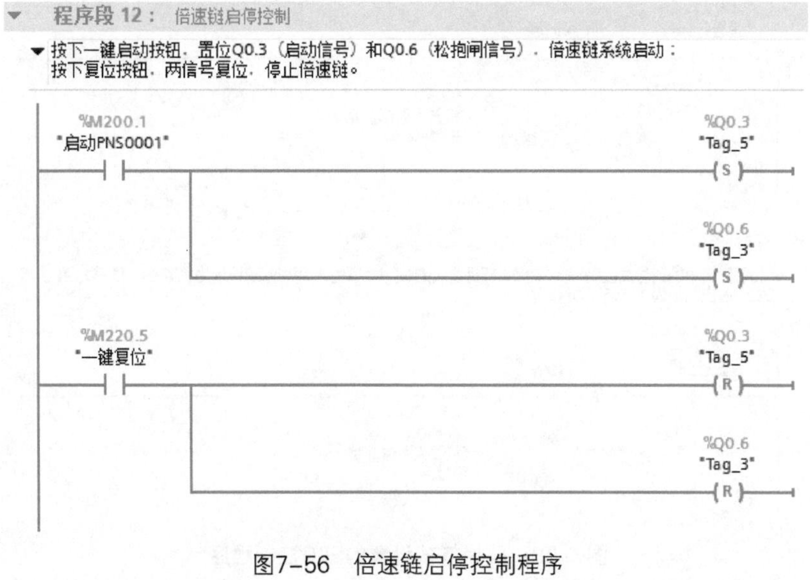

▼ **程序段 12：** 倍速链启停控制

▼ 按下一键启动按钮，置位Q0.3（启动信号）和Q0.6（松抱闸信号），倍速链系统启动；
按下复位按钮，两信号复位，停止倍速链。

```
  %M200.1                                              %Q0.3
  "启动PNS0001"                                        "Tag_5"
   ──┤ ├──────────────────┬─────────────────────────────( S )──
                          │                            %Q0.6
                          │                            "Tag_3"
                          └─────────────────────────────( S )──

  %M220.5                                              %Q0.3
  "一键复位"                                           "Tag_5"
   ──┤ ├──────────────────┬─────────────────────────────( R )──
                          │                            %Q0.6
                          │                            "Tag_3"
                          └─────────────────────────────( R )──
```

图7-56 倍速链启停控制程序

2）挡板控制。当光电传感器 3 检测到有物料时，先升前挡板 Q0.4=ON，2s 后，再升后挡板 Q0.5=ON，并通知机器人开始拍照。程序代码如图 7-57 所示，其中，DB30.DBX2.7 对应机器人中的 DI[144] 信号，用于通知机器人开始拍照检出。

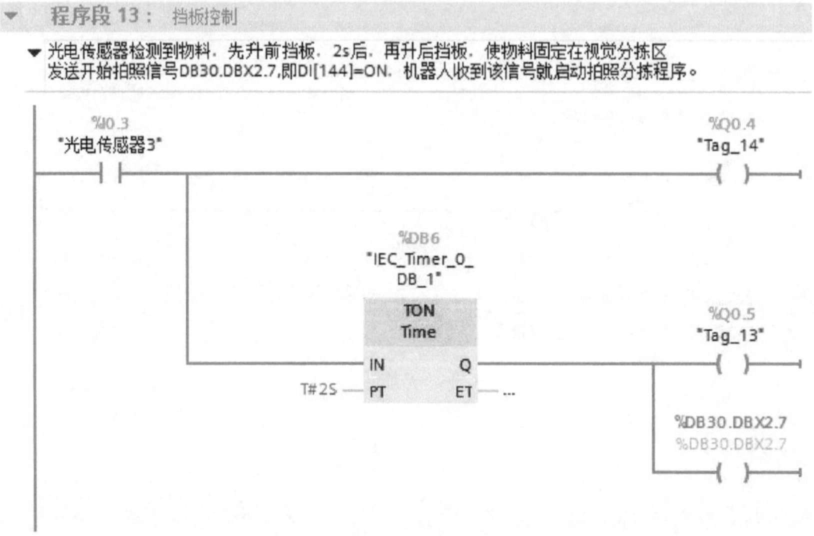

图7-57　挡板控制程序

（5）码垛样式设置　码垛样式初始时设置为 1 行、1 列、1 层，即只码垛一个物料就置位"码垛完成"标记。可通过触摸屏的码垛样式设置区域进行行、列、层的设置。码垛样式设置的 PLC 控制程序如图 7-58 所示。

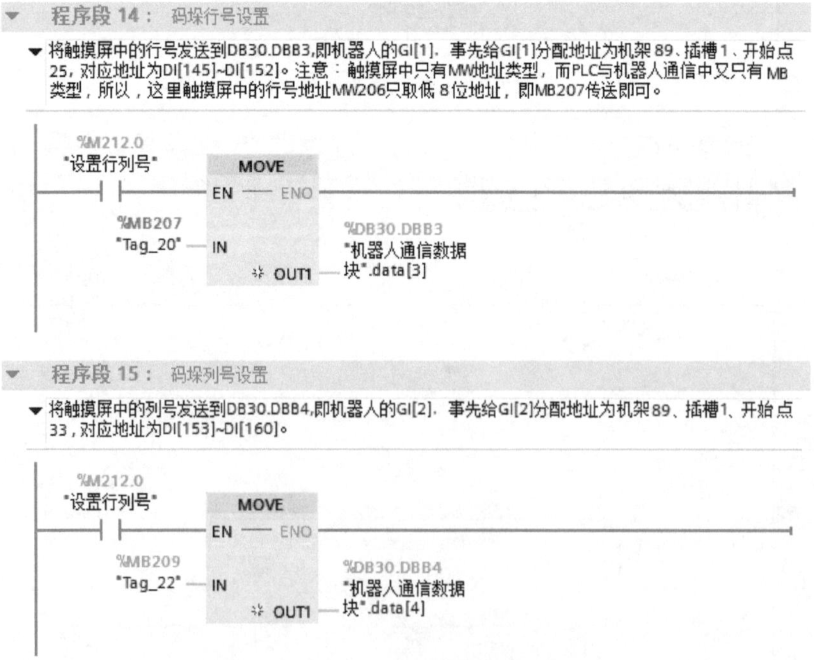

图7-58　码垛样式设置的PLC控制程序

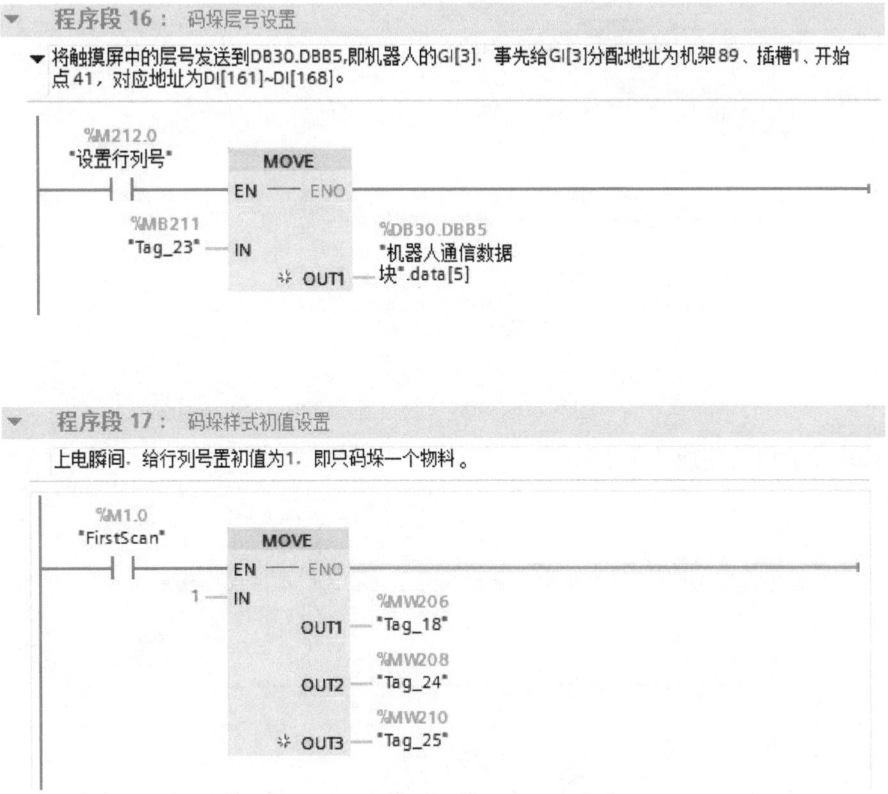

▼ 程序段 16： 码垛层号设置

▼ 将触摸屏中的层号发送到DB30.DBB5,即机器人的GI[3]，事先给GI[3]分配地址为机架89、插槽1、开始
点41，对应地址为DI[161]~DI[168]。

```
    %M212.0
   "设置行列号"          MOVE
      ┤ ├            EN —— ENO
    %MB211
    "Tag_23" ——— IN              %DB30.DBB5
                                "机器人通信数据
                   ⚡ OUT1 ———   块".data[5]
```

▼ 程序段 17： 码垛样式初值设置

▼ 上电瞬间，给行列号置初值为1，即只码垛一个物料。

```
    %M1.0
   "FirstScan"          MOVE
      ┤ ├            EN —— ENO
             1 ——— IN
                               %MW206
                   OUT1 ———    "Tag_18"
                               %MW208
                   OUT2 ———    "Tag_24"
                               %MW210
                 ⚡ OUT3 ———   "Tag_25"
```

图7-58　码垛样式设置的PLC控制程序（续）

（6）物料计数与显示（图7-59）

▼ 程序段 18： 计数

▼ 将从机器人接收到的物料数量分别显示在触摸屏显示框中。
DB31.DBB3和DBB4对应机器人的GO[1]，事先给机器人GO[1]分配地址为机架89、插槽1、开始点25、长
度为16，对应地址为DO[145]~DO[160]，这里，物料数量分别占用了两个字节来显示，使计数范围扩大到
0~65535。
DB31.DBB5和DBB6对应机器人的GO[2]，事先给机器人GO[2]分配地址为机架89、插槽1、开始点41、长
度为16，对应地址为DO[161]~DO[176]。

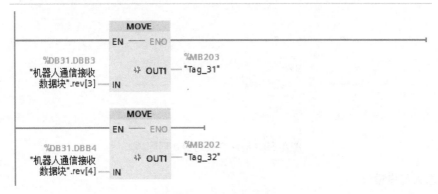

```
                    MOVE
                 EN —— ENO
    %DB31.DBB3               %MB203
   "机器人通信接收            "Tag_31"
   数据块".rev[3] ⚡ OUT1 ———
                 —— IN

                    MOVE
                 EN —— ENO
    %DB31.DBB4               %MB202
   "机器人通信接收            "Tag_32"
   数据块".rev[4] ⚡ OUT1 ———
                 —— IN
```

图7-59　物料计数与显示

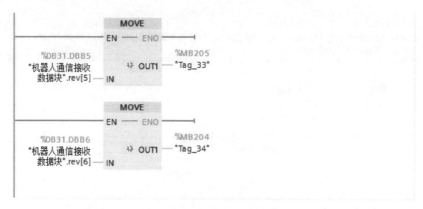

图7-59 物料计数与显示(续)

（7）码垛完成后续处理（图7-60）

程序段 19：指示灯控制

▼ 1#物料完成，机器人发送DO[177]信号，即DB31.DBX7.0 =ON，点亮1#物料码垛完成指示灯；
2#物料完成，机器人发送DO[178]信号，即DB31.DBX7.1 =ON，点亮2#物料码垛完成指示灯；

```
%DB31.DBX7.0                                                    %M240.0
%DB31.DBX7.0                                                    "Tag_36"
  ─┤ ├─────────────────────────────────────────────────────────( )──

%DB31.DBX7.1                                                    %M240.1
%DB31.DBX7.1                                                    "Tag_37"
  ─┤ ├─────────────────────────────────────────────────────────( )──
```

程序段 20：继续码垛控制

▼ 按下"继续码垛"按钮，弹出对话框，询问"是否已经移走了物料"，按下"确定"，则M240.5=ON，PLC发送
指令DB30.DBX7.0=ON，即机器人的DI[177]=ON。

```
%M240.5                                                         %DB30.DBX7.0
"Tag_35"                                                        %DB30.DBX7.0
  ─┤ ├─────────────────────────────────────────────────────────( )──
```

程序段 21：继续码垛复位控制

让"继续码垛"指令状态只保留2s，之后就复位。

```
                    %DB9
                 "IEC_Timer_0_
                    DB_2"
%M240.5            TON                                          %M240.5
"Tag_35"           Time                                         "Tag_35"
  ─┤ ├───────────┤IN      Q├──────────────────────────────────( R )──
         T#2S ───┤PT     ET├─ ...
```

图7-60 码垛完成后续处理程序

5. 机器人程序设计

（1）程序流程图　根据系统要求，编写机器人控制程序，程序流程如图7-61所示。

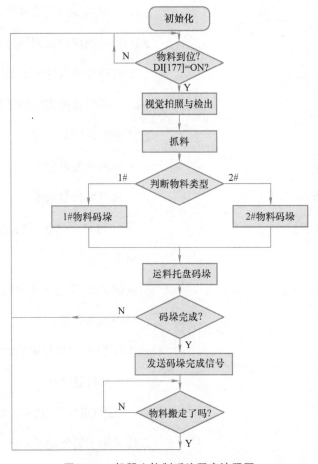

图7-61 机器人控制系统程序流程图

（2）程序代码 机器人程序命名为"PNS0001"，参考程序代码如下：

```
; 变量初始化

1:  UFRAME_NUM=6              ; 选择创建的工具坐标系

2:  UTOOL_NUM=6              ; 选择创建的用户坐标系

3:  PR[2]=LPOS

4:  PR[2,1]=0                ; 托盘码垛用的位置寄存器 PR[2] 清零

5:  PR[2,2]=0

6:  PR[2,3]=0

7:  PR[2,4]=0

8:  PR[2,5]=0

9:  PR[2,6]=0
```

10:　R[3]=0　　　　　　　　　　　　　; 1# 物料码垛的当前列号 R[3] 清零

11:　R[4]=0　　　　　　　　　　　　　; 1# 物料码垛的当前行号 R[4] 清零

12:　R[2]=0　　　　　　　　　　　　　; 已经码垛托盘的个数 R[2] 清零

13:　R[5]=0　　　　　　　　　　　　　; 2# 物料码垛的当前列号 R[5] 清零

14:　R[6]=0　　　　　　　　　　　　　; 2# 物料码垛的当前行号 R[6] 清零

15:　GO[1]=0　　　　　　　　　　　　; 1# 物料的数量清零

16:　GO[2]=0　　　　　　　　　　　　; 2# 物料的数量清零

17:　R[11]=GI[1]　　　　　　　　　　; 读取 PLC 发送过来的码垛行数，作为 1# 物
　　　　　　　　　　　　　　　　　　; 料码垛行数量

18:　R[12]=GI[2]　　　　　　　　　　; 读取 PLC 发送过来的码垛列数，作为 1# 物
　　　　　　　　　　　　　　　　　　; 料码垛列数量

19:　R[13]=GI[1]　　　　　　　　　　; 读取 PLC 发送过来的码垛行数，作为 2# 物
　　　　　　　　　　　　　　　　　　; 料码垛行数量
　　　　　　　　　　　　　　　　　　; 可以用 GI[3] 和 GI[4] 设置 2# 物料的码垛样式
　　　　　　　　　　　　　　　　　　; 这里为了简便起见，将 2# 物料与 1# 物料设
　　　　　　　　　　　　　　　　　　; 置成相同的样式

20:　R[14]=GI[2]　　　　　　　　　　; 读取 PLC 发送过来的码垛列数，作为 2# 物
　　　　　　　　　　　　　　　　　　; 料码垛列数量

21:　DO[101:OFF]=OFF　　　　　　　　; 松单头小吸盘（"放"状态）

22:　DO[103:OFF]=OFF　　　　　　　　; 松双头吸盘（"放"状态）

　; 机器人等待物料到位

A23:　LBL[1] ;

24:　J P[4] 100% FINE　　　　　　　　; 机器人等待点（视觉检测区外）

25:　LBL[2]

26:　WAIT DI[144:OFF]=ON　　　　　　; DI[144] 为物料到位后，PLC 发送的开始拍照
　　　　　　　　　　　　　　　　　　; 检出信号

27:　VISION RUN_FIND 'CB3'　　　　　; 进行视觉检出

28: VISION GET_NFOUND 'CB3' R[1]；取得检出个数放到 R[1] 寄存器中

29: IF R[1]<=0,JMP LBL[2]　　　　　　　；判断有无物料，如果没有，则跳转至

　　　　　　　　　　　　　　　　　　　 ；LB[2] 循环判断

　　　　　　　　　　　　　　　　　　　 ；视觉拍照与数量、位置检出

30: LBL[3]

31: VISION GET_OFFSET 'CB3' VR[1] JMP LBL[999]　；取得视觉补偿数据，存放在

　　　　　　　　　　　　　　　　　　　　　　　　　　；VR[1] 中

　　　　　　　　　　　　　　　　　　　 ；获取不成功，则跳转到末尾

32: VOFFSET CONDITION VR[1]　　　 ；视觉补偿申明

33: R[10]=VR[1].MODELID　　　　　　 ；当前视觉模型的 ID 号暂存在 R[10] 中

　　　　　　　　　　　　　　　　　　　 ；R[10]=1 为 1# 圆形物料；R[10]=2 为 2# 六边

　　　　　　　　　　　　　　　　　　　 ；形物料

　　　　　　　　　　　　　　　　　　　 ；机器人抓取物料

34: J P[4] 100% FINE　　　　　　　　 ；机器人等待点（视觉检测区外）

35: J P[1] 100% FINE VOFFSET,VR[1]　；添加视觉偏移后的 1# 物料正上方

36: L P[2] 500mm/sec FINE VOFFSET,VR[1]　　 ；物料表面

37: DO[101:OFF]=ON　　　　　　　　 ；吸取物料

38: L P[3] 500mm/sec FINE VOFFSET　；返回物料上方

39: J P[4] 100% FINE　　　　　　　　 ；机器人等待点（视觉检测区外）

；开始码垛

40: J P[5] 100% FINE　　　　　　　　 ；码垛区接近点

41: IF R[10]<>1,JMP LBL[101]　　　 ；若为 1# 物料，执行第 42~60 行之间的 1#

　　　　　　　　　　　　　　　　　　　 ；物料码垛程序，否则，跳转到 LBL[101]，去

　　　　　　　　　　　　　　　　　　　 ；判断

　　　　　　　　　　　　　　　　　　　 ；2# 物料

；1# 物料码垛，码垛成 R[11] 行 R[12] 列

42: PR[2,1]=R[3]*100　　　　　　　　 ；X 方向码垛距离偏移 100

43:	PR[2,2]=R[4]*100	; Y 方向码垛距离偏移 100
44:	PR[2,3]=0	; Z 方向码垛距离不偏移
45:	J P[13] 100% FINE Offset,PR[2]	; 带 PR[2] 位置补偿的码垛——正上方位置
46:	L P[6] 500mm/sec FINE Offset,PR[2]	; 码垛物料表面位置
47:	DO[101:OFF]=OFF	; 放物料
48:	L P[7] 500mm/sec FINE Offset,PR[2]	; 返回码垛上方
49:	GO[1]=（GO[1]+1）	; 1# 物料码垛数量 +1，并存入 GO[1] 中，
		; 便于发送回 PLC 中进行显示与后续控制
50:	R[3]=R[3]+1	; 当前行号不变，列号 +1
51:	IF R[3]<RI[11],JMP LBL[10]	; 若列号 <RI[11]，表明当前行的列没码完，不
		; 需要更改行号
		; 若列号 =RI[11]，表明当前行已码垛结束，执
		; 行下一行
52:	R[3]=0	; 列号 =0，而行号 +1，开始下一行的码
		; 垛
53:	R[4]=1+R[4]	
54:	IF R[4]<RI[12],JMP LBL[10] ;	; 若行号 <RI[12],表明还没到达要求的总行数2，
		; 不需要更改行号
		; 若行号 =RI[12]，表明所有行均已结束，需将
		; 所有的行号和列号清零
55:	R[4]=0	; 行号清零
56:	R[3]=0	; 列号清零
57:	J P[4] 100% FINE	; 返回机器人等待点（视觉检测区外）

; 1# 物料码垛完成处理程序，发送 DO[177]（1# 码垛完成）信号给 PLC，并等待 PLC
; 反馈

58:	DO[177:OFF]=ON	; 发送 1# 物料码垛完成信号
59:	WAIT DI[177:OFF]=ON	; 等待 PLC 发送回 "物料已搬走" 信号

60: DO[177:OFF]=OFF ；清除物料码垛完成信号，以便继续码垛

61: LBL[10]

; 2# 物料码垛，码垛成 R[13] 行 R[14] 列的形式

62: LBL[101]; ；开始 2# 物料的码垛

63: IF R[10]<>2,JMP LBL[102] ；若为 2# 物料，执行第 64~82 行之间的 2# 物

；料码垛程序

；否则，跳转到 LBL[102]

64: PR[2,1]=R[5]*100

65: PR[2,2]=R[6]*100

66: PR[2,3]=0

67: J P[12] 100% FINE Offset,PR[2]

68: L P[16] 500mm/sec FINE Offset,PR[2]

69: DO[101:OFF]=OFF

70: L P[12] 500mm/sec FINE Offset,PR[2]

71: GO[2]=（GO[2]+1） ；2# 物料码垛数量 +1，并存入 GO[2] 中，

；便于发送回 PLC 中进行显示与后续控制

72: R[5]=R[5]+1

73: IF R[5]<R[13],JMP LBL[11]

74: R[5]=0

75: R[6]=1+R[6]

76: IF R[6]<R[14],JMP LBL[11]

77: R[5]=0

78: R[6]=0

79: J P[4] 100% FINE

；2# 物料码垛完成处理程序，发送 DO[178]（2# 码垛完成）信号给 PLC，并等待 PLC

；反馈

80:　DO[178:ON]=ON　　　　　　　　；发送 2# 物料码垛完成信号 DO[178]

81:　WAIT DI[177:OFF]=ON　　　　　　；等待 PLC 发送回"物料已搬走"信号

82:　DO[178:ON]=OFF　　　　　　　　；清除 DO[178] 信号

83:　LBL[11]

；视觉检出物料数量实时变化（每码垛好一个，则 R[1]-1）

84:　LBL[102]

85:　R[1]=R[1]-1

86:　IF R[1]>0,JMP LBL[3]

；搬运和码垛托盘

87:　J P[4] 100% FINE　　　　　　　　；机器人等待点（视觉检测区外）

88:　J P[15] 50% FINE　　　　　　　　；托盘正上方（双头吸盘朝下）

89:　L P[14] 1000mm/sec FINE　　　　　；托盘表面

90:　DO[103:OFF]=ON　　　　　　　　；双头吸盘吸取托盘

91:　WAIT　.50（sec）　　　　　　　　；等待 0.5s，保证可靠吸住

92:　L P[8] 300mm/sec FINE　　　　　　；搬起托盘

93:　PR[2,3]=R[2]*15　　　　　　　　　；码垛 Z 方向偏移 15，X、Y 方向偏移均为 0

94:　PR[2,1]=0

95:　PR[2,2]=0

96:　L P[9] 400mm/sec FINE　　　　　　；托盘码垛区的接近点

97:　L P[10] 400mm/sec FINE Offset,PR[2]；码垛位置表面

98:　DO[103:OFF]=OFF　　　　　　　　；释放托盘

99:　L P[11] 1000mm/sec FINE　　　　　；返回托盘接近点

100:　J P[4] 100% FINE　　　　　　　　；返回机器人等待点（视觉检测区外）

101:　R[2]=R[2]+1　　　　　　　　　　；码垛托盘数量 +1

102:　JMP LBL[2]　　　　　　　　　　　；重复进行视觉检测、搬运、码垛的全过程

103:　LBL[999]　　　　　　　　　　　　；程序结束标签

7.3.5 调试与运行

1. 调试

（1）PLC 与机器人之间数据通信调试　该内容在 PLC 程序设计过程中已经讲解过了，此处不再赘述。

（2）视觉分拣程序单步调试　打开编写好的 PNS0001 程序，单步运行程序，完成两种物料的视觉分拣的单步调试。调试时速度尽量调低一些，以免出现失误，造成机器损伤。

（3）PNS 一键启动功能调试

1）将运行速度降低到 30% 以下。

2）修改系统参数"43 远程 / 本地设置"为"远程"。

3）TP 非单步执行状态。

4）将 TP 开关置于 OFF。

5）控制面板上的模式开关置于 AUTO 档。

6）单击触摸屏上的"初始化"按钮，清除系统报警信号。

7）单击触摸屏上的"一键启动"按钮，启动程序 PNS0001，同时启动倍速链，开始传输物料。

8）物料到达分拣区，光电传感器检测到物料，先后升前、后挡板，固定好物料，视觉程序拍照检出，完成物料的分拣与码垛。同时，把两种物料的码垛数量传送给 PLC，并在触摸屏中的数量显示区进行显示。

9）此时，只完成一个物料的搬运和码垛就会停止运行，并在触摸屏中显示码垛完成。这是因为默认的码垛样式为 1 行、1 列、1 层。

（4）码垛样式调试

1）在触摸屏中进行码垛样式设置，分别输入行 =2、列 =2、层 =1，单击"设置"按钮，将数据发送给机器人的 R[7]、R[8]、R[9]。

2）拿走先前已经码垛完成的物料，单击"继续码垛"按钮，可见系统能完成 2 行 2 列的码垛。

（5）停止功能调试

1）单击"暂停"按钮，机器人程序可暂停运行；再单击"再启动"按钮，机器人程序继续运行。

2）单击"急停"按钮，机器人立即停止程序运行，并报警。

3）报警后，重新开始运行程序前，需要手动拿走所有码垛一半的物料，然后再次单击"初始化"按钮清除报警,再单击"一键启动"即可。

2. 运行

运行操作步骤如下:

1)使机器人处于外部设备远程一键启动模式。

2)通过触摸屏进行码垛样式设置,分别输入行、列、层数量,单击"设置"按钮。

3)单击"初始化"按钮,清除报警。

4)单击"一键启动"按钮,运行机器人视觉程序"PNS0101",同时开启倍速链系统,带动物料前行。物料到达分拣区,光电传感器检测到物料,先后升前、后挡板,固定好物料,视觉程序拍照检出,完成物料的分拣与码垛。同时,把两种物料的码垛数量传送给PLC,并在触摸屏中的数量显示区进行显示。

5)当某种物料码垛完成时,机器人程序暂停,将码垛完成信号发送给PLC,并在触摸屏中的码垛完成区进行显示,提醒人工拿走物料或由AGV小车自动运走物料。单击"继续码垛"按钮,机器人可以继续码垛。

【拓展训练】

任务要求: 多物料传输与分拣系统流水线控制

功能要求: 更改本章任务中的码垛完成后续处理功能,要求物料的搬运由AGV小车完成,添加多种物料的入库控制功能。

第8章
CHAPTER 8

工业机器人工作站集成
综合应用

工业机器人工作站是指以一台或多台机器人为主，配以相应的周边设备，如变位机、输送机和工装夹具等，或借助人工的辅助操作一起完成相对独立的一种作业或工序的一组设备组合。工作站是工业机器人在行业应用中的主要表现形式。

本章通过一个综合案例，介绍工业机器人工作站的集成应用。要求从立体仓库中自动取料、AGV 小车中转运料、传送带辅助运料、机器视觉分拣，最终由机器人完成分类码垛。通过综合案例的学习，学生能全面掌握 FANUC 工业机器人与周边设备的综合应用，提升解决实际应用难题的能力。

技能目标

1. 了解实验室工业机器人系统的硬件组成与主要功能。

2. 掌握西门子 PLC S7-1200 的编程与调试方法。

3. 掌握机器视觉识别、定位与处理的基本应用。

4. 掌握工业机器人系统集成的综合联调技能。

思维导图

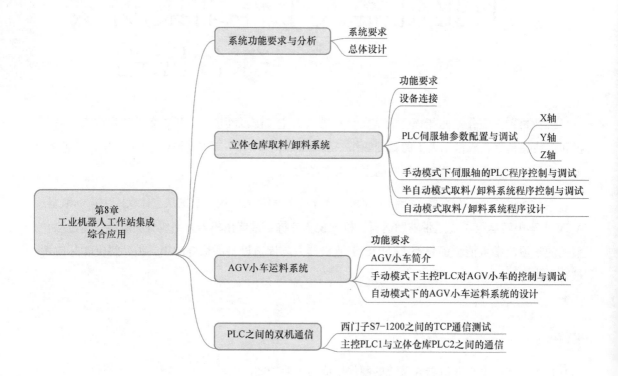

8.1 系统功能要求与分析

8.1.1 系统要求

通过对工业机器人典型应用领域的分析，并结合学校实训教学的要求，某学校购置了如图 8-1 所示的工业机器人实训装置。

图8-1 工业机器人实训装置实物图

系统的结构框图如图 8-2 所示。

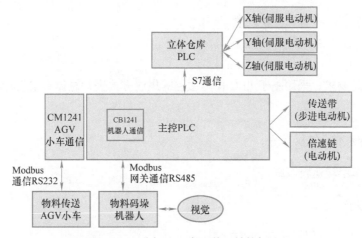

图8-2 工业机器人实训装置结构框图

整个系统硬件主要包括以下几个方面：

1）主控 PLC 部分（PLC、触摸屏等）。

2）立体仓库部分（立体仓库货架、堆垛机、PLC、触摸屏和伺服驱动等）。

3）机器人本体部分（机器视觉）。

4）AGV 小车部分（无线 Modbus 通信）。

5）倍速链部分（变频器调速）。

6）传送带部分（步进电动机）。

系统功能如下：

1）仓库归零，AGV 小车复位（机器人在启动程序后自动回原点）。

2）堆垛机自动从立体仓库上取物料并放到小车上。

3）小车装满料后即执行运料到倍速链一端。

4）小车卸料完成后自动返回初始位。

5）倍速链运料至机器人视觉分拣区。

6）机器人抓取物料分拣到传送带。

7）分拣完成后机器人自动回初始位。

8）重复以上过程，进入下一个循环。

9）系统具有自动和手动两种模式可选。

10）系统的状态实时监控要求用触摸屏显示出来。

11）系统具有各种报警和保护功能。

8.1.2 总体设计

针对上述系统要求，采用基于 PLC 作为主控的集成方式进行总体方案设计。系统主要由如下六个部分组成：

1）立体仓库取料 / 卸料系统。

2）AGV 小车中转运料系统。

3）倍速链传输系统。

4）机器视觉与分拣码垛系统。

5）机器人远程启停控制系统。

6）其他辅助功能，触摸屏人机界面、多 PLC 通信控制等。

整体程序流程框图如图 8-3 所示。

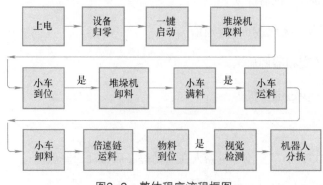

图8-3　整体程序流程框图

8.2 立体仓库取料/卸料系统

8.2.1 功能要求

立体仓库取料/卸料系统的主要工作流程是：主控 PLC1 发出取料信号，立体仓库控制器 PLC2 响应该信号，控制堆垛机进行 X、Y、Z 三个方向的伺服运动，完成取料，并行走到卸料端，与 AGV 通信，配合完成卸料操作。根据上述要求，分如下五部分内容实现：

1）PLC 伺服轴参数配置与调试，主要进行硬件参数配置与组态调试。

2）手动模式下伺服轴的 PLC 程序控制与调试，主要进行软件编程的手动控制。

3）半自动模式下的立体仓库取料/卸料系统控制与调试，主要进行半自动顺序控制。

4）自动模式下的立体仓库取料/卸料系统控制与调试，主要进行主控 PLC1 与立体仓库控制器 PLC2 之间的通信，以实现立体仓库自动取料/卸料系统的控制。

5）立体仓库人机界面设计与实施，主要进行触摸屏界面的控制与监视。

8.2.2 设备连接

工业机器人实训装置中的立体仓库为实际自动仓储的模型，采用可编程控制器控制。设备主要由控制机构、堆垛机和货架组成，如图 8-1 所示。该立体仓库共设有 4 行 7 列，共 28 个库位，可用手动或自动两种模式完成出库和入库操作。其完善的执行机构可提供现代物流系统中自动存储系统全部动作过程，可根据不同的控制方案，编写对应的执行系统流程，以适应不同层次的人员进行 PLC 学习和编程。

该立体仓库的伺服驱动器采用东元 JSDEP 伺服驱动器和伺服电动机。该伺服驱动器与 PLC、伺服电动机的连接如图 5-38 所示。

该立体仓库控制器采用西门子 S7-1215C DC/DC/DC 型 PLC，具体的 DI 和 DQ 含义如图 8-4 所示。

该立体仓库系统的坐标原点在其右上角，X 方向为堆垛机左右行走的方向，从原点出发，向左为 X 正方向；Z 方向为堆垛机上下行走的方向，向上行走的方向为 Z 正方向；Y 方向为堆垛机前后行走的方向，从仓库内部退出来的方向为 Y 正方向。

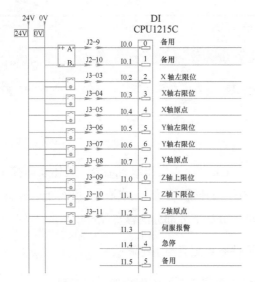

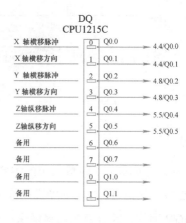

图8-4 立体仓库PLC地址分配示意图

8.2.3 PLC伺服轴参数配置与调试

1. X轴的配置

（1）硬件I/O 从图8-4可知，X轴的输出为，脉冲输出Q0.0，方向输出Q0.1，伺服限位开关左限位是I0.2，右限位是I0.3，原点是I0.4。

（2）轴的添加与配置 西门子PLC伺服轴控制的参数配置步骤如下：

1）单击"工艺对象"，双击"新增对象"，打开对话框，如图8-5所示。选择"轴TO_PositioningAxis"，单击"确定"按钮。

图8-5 PLC添加轴页面

2）配置轴的参数。

①"常规"选项：选择 PTO 驱动器，测量单位为 mm，如图 8-6 所示。

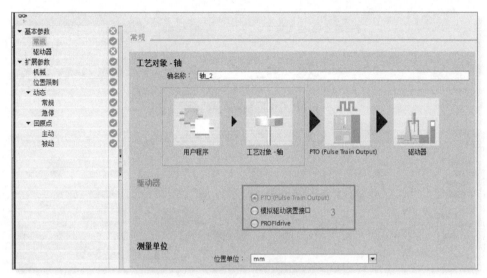

图8-6　PLC伺服轴X轴参数设置（1）

②"驱动器"选项："硬件接口"选择 Pulse_1，如图 8-7 所示。

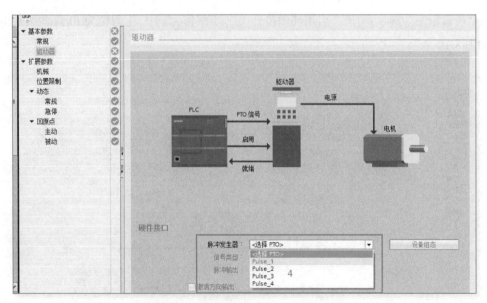

图8-7　PLC伺服轴X轴参数设置（2）

默认弹出前面设置的值，如图 8-8 所示。

③"机械"选项："电机每转的脉冲数"设为 10000；"电机每转的负载位移"设为 140mm，如图 8-9 所示。

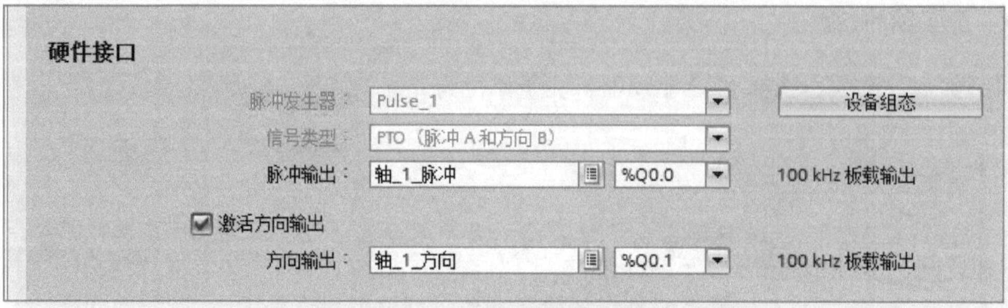

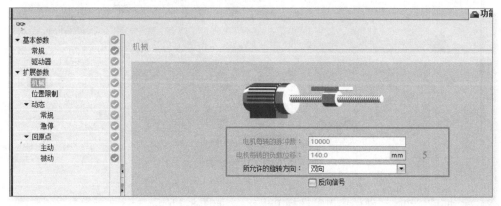

图8-8 PLC伺服轴X轴参数设置（3）

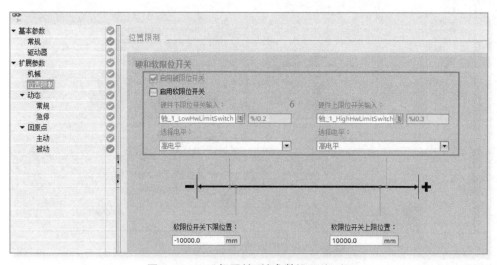

图8-9 PLC伺服轴X轴参数设置（4）

④"位置限制"选项：勾选"启用硬限位开关"，下限位为I0.2，上限位为I0.3，均为高电平有效，如图8-10所示。

图8-10 PLC伺服轴X轴参数设置（5）

⑤"动态"选项下的"常规"选项：设置各种速度和加、减速度，如图8-11所示。（这里的"启动停止速度"若为35mm/s，实际程序控制行走时的速度必须大于等于该速度，才能使电动机起动。一般Y轴设为较小的值（如500脉冲/s），X和Z轴均设为大一些的值。

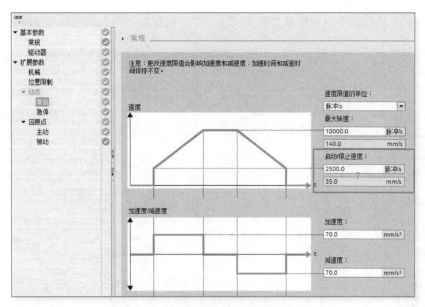

图8-11　PLC伺服轴X轴参数设置（6）

⑥"回原点"设置：这里采用主动方式控制回原点，原点开关为I0.4，高电平有效，如图8-12所示。"逼近/回原点方向"为负方向（X轴为负方向，Y轴、Z轴为正方向），参考点开关在下侧。逼近速度要尽量小一些，否则容易超程，碰到右限位，导致卡死，需要重新进行RESET复位操作，甚至需要断电后再复位。

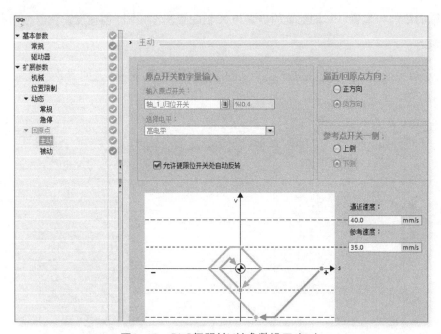

图8-12　PLC伺服轴X轴参数设置（7）

（3）编译下载配置　与PLC其他下载类同。

（4）硬件调试　双击项目树"轴-X"下的"调试"，弹出"轴控制面板"，单击"激活"，再单击"启用"，然后就可以根据各个命令实现点动、定位或回原点的动作，如图 8-13 所示。

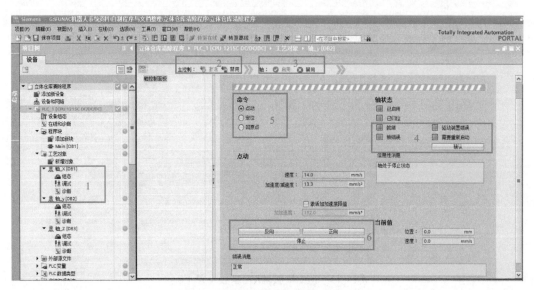

图8-13　PLC伺服轴硬件调试界面

2. Y轴的配置

（1）硬件 I/O　从图 8-4 可知，Y 轴的输出为：脉冲输出 Q0.2；方向输出 Q0.3；伺服限位开关左限位是 I0.5；右限位是 I0.6；原点是 I0.7。

（2）轴的添加与配置　Y 轴配置的步骤与 X 轴配置基本相同，但速度设置等方面有些区别，具体步骤如下：

1）为了避免撞到立体仓库的柱子，Y 轴的速度要设置得小一些，如图 8-14 所示。

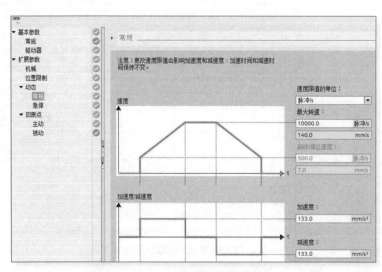

图8-14　PLC伺服轴Y轴参数设置（1）

2）Y 轴的正方向向外，回原点时高电平有效，逼近方向为正方向（尽量使其避免撞立体仓库的架子），参考点开关在下侧，如图 8-15 所示。

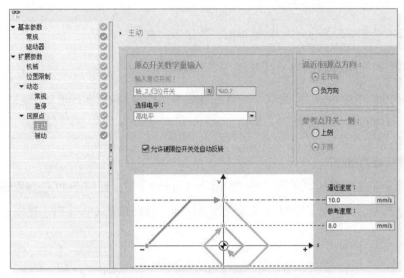

图8-15 PLC伺服轴Y轴参数设置（2）

3）Y 轴的原点并不是完全的正中间，可以采用起始位置偏移量补偿的方法使原点设置在正中间，如图 8-16 所示。

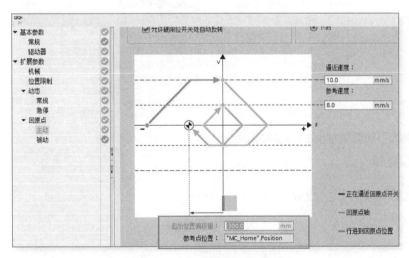

图8-16 PLC伺服轴Y轴参数设置（3）

（3）编译下载配置与调试 与 X 轴类似，这里不再赘述。

3. Z轴的配置

（1）硬件 I/O 从图 8-4 可知，Z 轴的输出为：脉冲输出 Q0.4，方向输出 Q0.5，伺服限位开关左限位是 I1.0，右限位是 I1.1，原点是 I1.2。

（2）轴的添加与配置 Z 轴配置的步骤与 X 轴配置基本相同，不同之处在于：Z 轴的正方向向上；速度可以稍微大一些，调试时"启动停止速度"设置为 30mm/s 左右；正式运行时，在程序中将运行速度加快到 80mm/s 左右。回原点采用高电平有效，逼近方向为正方向（因为原点在上端），参考点开关在下侧。

（3）编译下载配置与调试　与 X 轴类似，这里不再赘述。

8.2.4　手动模式下伺服轴的PLC程序控制与调试

要求采用 PLC 指令编程，实现 X、Y、Z 三轴的手动控制，包括实现点动、绝对定位、相对运动、回原点、暂停和复位等功能。

1. 伺服轴编程函数

轴控制指令在指令表的"工艺"→"Motion Control"中，西门子 PLC 伺服轴编程函数及含义如图 8-17 所示。各函数的具体含义及应用可以通过帮助系统（按〈F1〉键）进行查阅。

图8-17　西门子PLC轴编程函数

2.手动模式下伺服轴控制的编程与调试

（1）初始化轴

1）启用 / 禁用轴 MC_Power，如图 8-18 所示。

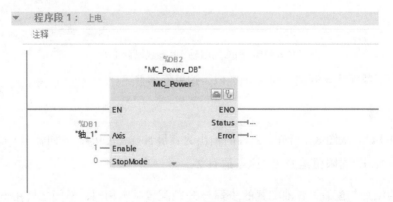

图8-18　启用/禁用轴

2）复位轴 MC_Reset，如图 8-19 所示。

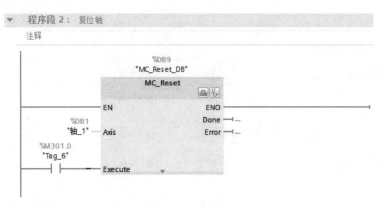

图8-19　复位轴

3）回原点 MC_Home，如图 8-20 所示。

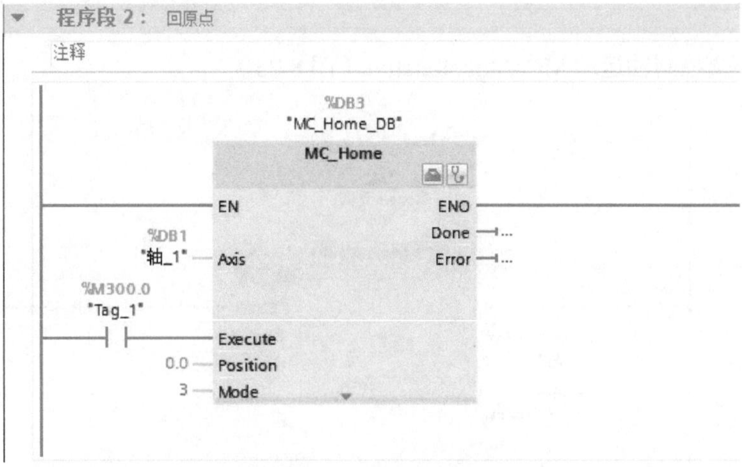

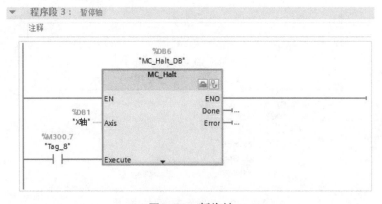

图8-20　回原点

4）暂停轴 MC_Halt，如图 8-21 所示。

图8-21　暂停轴

（2）点动控制轴运动 MC_MoveJog（图 8-22）

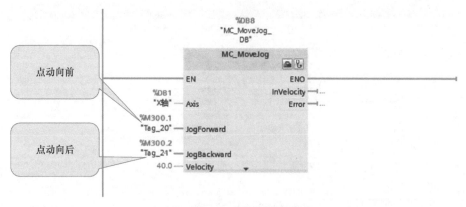

图8-22　点动控制轴运动

> 注意　这里的速度 Velocity 必须大于等于最小速度。

（3）相对距离控制轴运动 MC_MoveRelative（图 8-23）

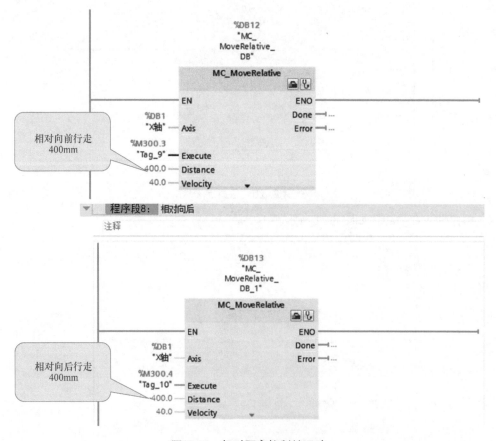

图8-23　相对距离控制轴运动

（4）绝对定位控制轴运动 MC_MoveAbsolute（图 8-24）

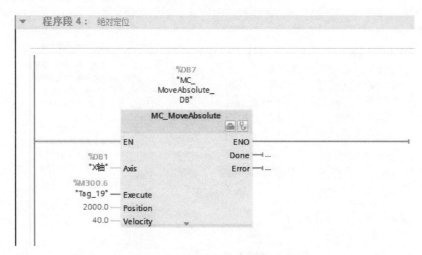

图8-24 绝对定位控制轴运动

（5）读取当前位置 MOVE（图 8-25）

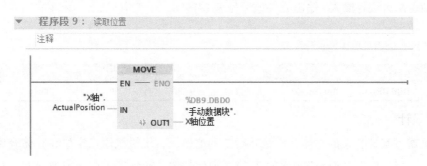

图8-25 读取当前位置

8.2.5 半自动模式取料/卸料系统程序控制与调试

要求：编程实现取料／卸料系统的半自动控制。

取料过程如下：根据设定的行号和列号，沿 X 轴行走到目的地所在的列位置→沿 Z 轴行走到目的地所在的行位置→沿 Y 轴开始向后运动伸入到立体仓库里面→沿 Z 轴抬起 30mm，使物料放上堆垛机→沿 Y 轴开始向前运动，缩回到原点，完成取料。

卸料过程如下：携带物料的堆垛机在取料完成后，沿 X、Z 轴同时行走到卸料位置（AGV小车正对的位置）→沿 Y 轴向前运动，反向伸出到 AGV 小车上方→沿 Z 轴下降 20mm，将物料放在 AGV 小车上，在 AGV 传送带的带动下，运行到 AGV 上→沿 Y 轴向后运动，缩回到原点，完成卸料。

1. 立体仓库人机界面设计与实施

要求：设计立体仓库的人机界面，可实现堆垛机的手动控制和取料／卸料系统的半自动控制。

参考界面如图 8-26 所示。

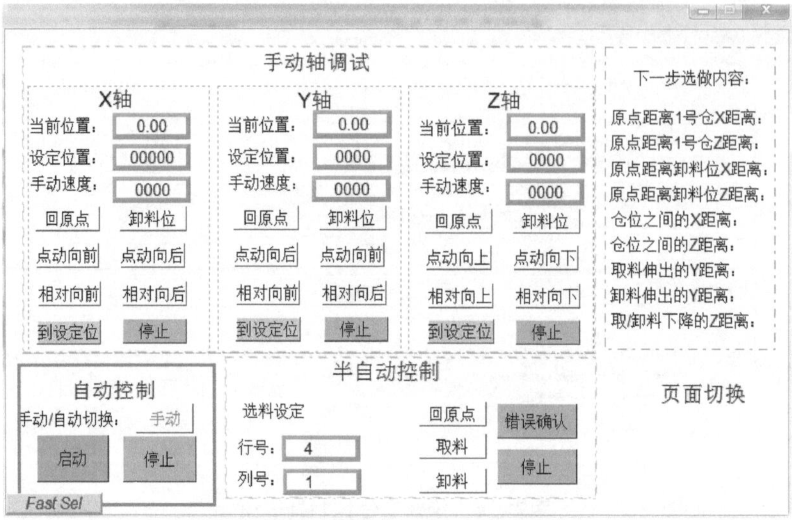

图8-26　立体仓库的人机界面设计

半自动控制区域各输入/输出元件地址见表 8-1。

表 8-1　半自动控制人机界面地址分配表

名称	行号	列号	回原点	取料	卸料	错误确认	停止
地址	DB9.DBD36	DB9.DBD40	M330.0	M330.1	M330.2	M330.6	M330.7

2.程序设计

工业机器人实训装置的立体仓库是 4 行 7 列的格局，堆垛机原点定位在立体仓库货架（实物）右上角，通过原点参数配置为第 1 行第 7 列的位置。而根据人们的习惯，左上角才叫作第 1 行第 1 列，记作（1,1）。整体的行列号、原点位置、X/Z 方向及相邻行列之间的间距如图 8-27 所示。

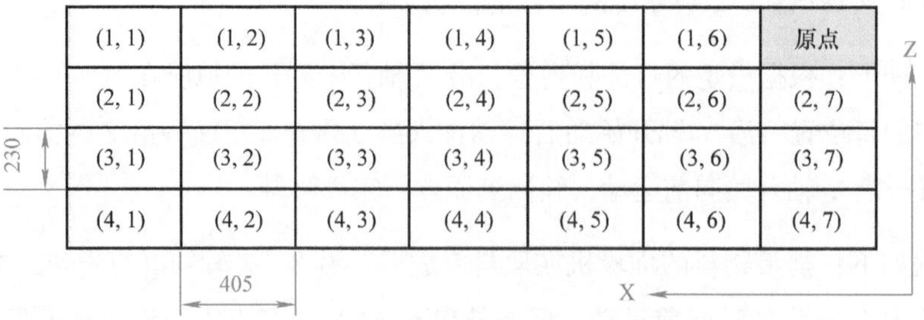

图8-27　立体仓库行列位置示意图

（1）取料过程　取料过程主要包括以下四步：

1）计算行走距离。根据触摸屏输入的行号计算堆垛机 Z 轴应行走的距离，dz = −（行号 −1）×230mm；如行号 =4，则 Z 轴应向下行走 3×230mm = 690mm 的距离；根据触摸屏输入的列号计算堆垛机 X 轴应行走的距离，dx =（7−列号）×405mm，如列号 = 1，则 X 轴应向左行走（7-1）×405mm = 2430mm 的距离。

2）PLC 控制堆垛机行走到设定的仓位。

3）Y 轴伸入仓库内。

4）Z 轴上抬 30mm，Y 轴退回原点。

取料过程的参考程序如下：

1）计算行走距离，程序如图 8-28 所示。

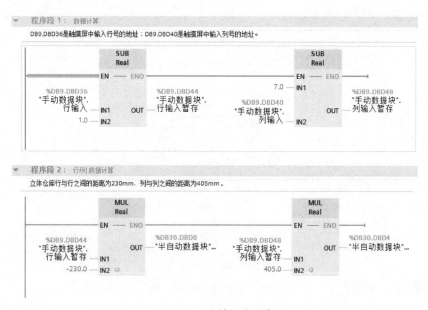

图8-28　计算行走距离

2）X、Z 轴行走控制，程序如图 8-29 所示。

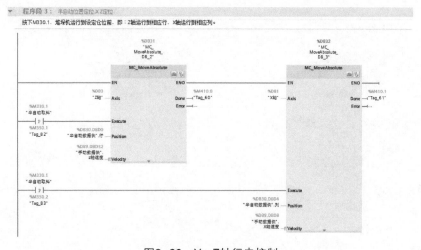

图8-29　X、Z轴行走控制

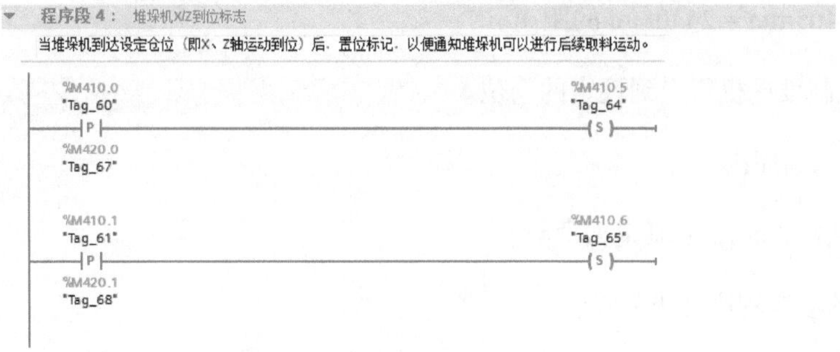

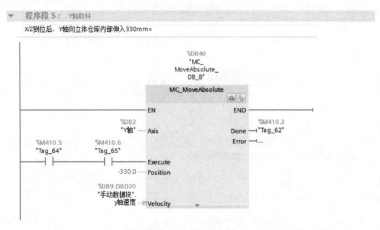

图8-29　X、Z轴行走控制（续）

3）Y轴取料，程序如图 8-30 所示。

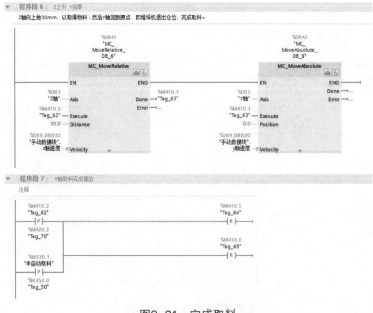

图8-30　Y轴取料

4）Z轴上升，Y轴回零，完成取料，程序如图 8-31 所示。

图8-31　完成取料

（2）卸料过程 卸料过程相对而言较为简单，主要有以下三步：

1）PLC 控制堆垛机行走到卸料位（与 AGV 小车正对的位置）。

2）Y 轴伸出到 AGV 传送带上方。

3）Z 轴下降 20mm；Y 轴退回原点，完成卸料。

卸料过程的参考程序如下：

1）堆垛机行走到卸料位，程序如图 8-32 所示。

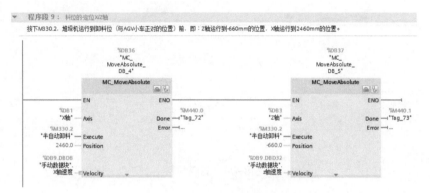

图8-32 堆垛机行走到卸料位

2）X/Z 轴到位后，Y 轴伸出放料，程序如图 8-33 所示。

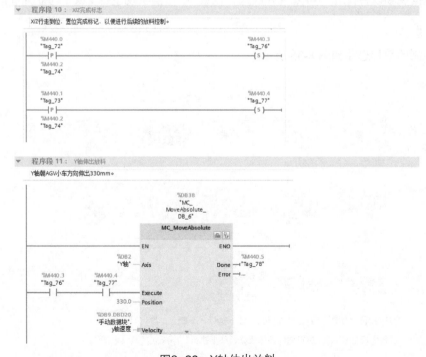

图8-33 Y轴伸出放料

3）Z轴下降20mm；Y轴退回原点，完成卸料，程序如图8-34所示。

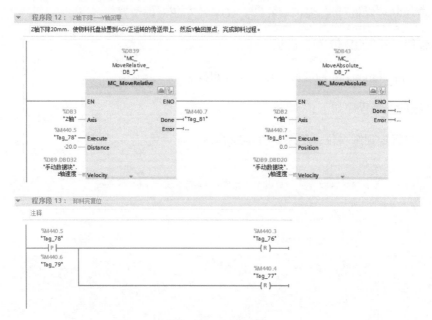

图8-34 完成卸料

8.2.6 自动模式取料/卸料系统程序设计

要求：根据用户需要，主控 PLC1 控制立体仓库，PLC2 实现多个物料的自动取料+卸料的功能。根据现场硬件配置，可采用开放式通信或 S7 通信实现主控 PLC1 与立体仓库 PLC2 之间的数据通信。

自动控制的编程思路如图 8-35 所示。

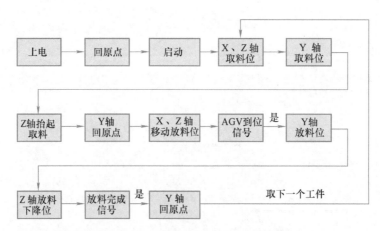

AGV到位信号判断: 到位条件成立，往下执行；不成立，原位等待。

放料完成信号判断: 放料完成条件成立，往下执行；不成立，原位等待。

图8-35 立体仓库取料/卸料系统控制流程图

8.3 AGV小车运料系统

8.3.1 功能要求

AGV小车运料系统的功能要求是主控PLC1发出复位信号时，AGV运动到立体仓库卸料位，等待主控PLC1发出放料完毕信号，AGV启动传送带，升降挡板，与PLC1通信，配合完成物料传输工作。根据要求，系统分如下三部分内容实现：

1）AGV小车。

2）手动模式下主控PLC1对AGV小车的控制与调试（包含人机界面设计）。

3）自动模式下的AGV小车运料系统的设计与实施。

8.3.2 AGV小车简介

本工业机器人实训装置的AGV小车由深圳市欧铠机器人有限公司生产，采用可编程控制器控制。设备外形及面板组成如图8-36所示。

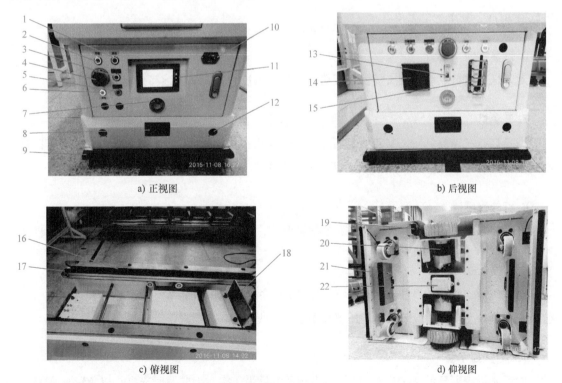

a) 正视图　　　　　　　　　　　　　　b) 后视图

c) 俯视图　　　　　　　　　　　　　　d) 仰视图

图8-36　AGV设备

图8-36中各部分的功能简介如下。

1. 启动按钮

按下启动按钮可启动 AGV 自动运行，AGV 启动成功后三色灯（7）——绿灯长亮。

启动 AGV 的条件：AGV 在导航磁条上且 AGV 本身无故障。

2. 挡板按钮

按下挡板按钮可控制挡板上升和下降。以挡板在下限位为例，按一下按钮挡板上升到上限位，再按一下按钮挡板下降。前面板按钮控制前挡板，后面板按钮控制后挡板。

3. 停止按钮

如果 AGV 启动后需要停止自动运行，可按下停止按钮。按下后，三色灯中的绿灯会熄灭（启动 AGV 2s 后，停止按钮才会起作用，如遇特殊情况，请按急停按钮）。

4. 急停按钮

按下急停按钮后，AGV 会立即停止，并报告"紧急停止异常"。解除方法：顺时针旋转急停按钮，保证四个急停按钮都被旋出。

5. 复位按钮

按下复位按钮后，AGV 的报警信息（无报警时，AGV 才可以正常启动）复位，工位定位后放行 AGV，到下一个工位。

6. 滚筒按钮

对传送带进行点动控制。前面板滚筒按钮为正转控制，后面板滚筒按钮为反转控制。

7. 三色灯

三色灯有三种颜色：AGV 正常运行——绿灯长亮；AGV 运行中前方有障碍物——黄灯闪烁；AGV 故障——红灯长亮，具体故障原因可查看报警信息。

8. 红外传感器

红外传感器以扇形方式进行感应，范围可调节，有障碍物时，指示灯亮，AGV 会立即停止。

9. 防撞条

防撞条撞击到物体产生一定的形变后，AGV 会报告"撞击异常"。撞击后解除办法：让防撞条恢复原状，按下复位按钮，若还解除不了，检查防撞条。

10. 电量显示表

电量显示表可显示 AGV 当前电量。当显示电量为 3 格时，应及时充电，以免影响 AGV 的正常运行。

11. 触摸屏

触摸屏可显示、设置 AGV 运行的基本参数和报警信息。

12. 雷达

雷达以直线方式进行感应，感应范围内有物体时，AGV 小车会立即停止，一般只起辅助作用。

13. 电源开关

合上断路器，为 AGV 供电电源；断开断路器，切断 AGV 电源。

14. 外放音响

外放音响可提示 AGV 当前的状态：当 AGV 出现故障时，它会发出刺耳的报警声；当 AGV 正常行走时，会播放轻音乐。

15. 网络通信天线

网络通信天线可增强无线模块的信号，应注意保护，如有损坏可能会造成 "AGV 网络异常" 故障。

16. 对射式传感器

对射式传感器可感应车上是否有物料。

17. 传送带

通过电动机旋转带动传送带运行，可用于物料的传输。

18. 挡板

通过电动机动作可使挡板上升或下降，用于挡住物料不让其掉落。

19. 地标

地标可用于 AGV 小车的定位。

20. 伺服电动机

伺服电动机带动驱动轮，控制其速度和方向，完成循迹动作。

21. 磁导航

磁导航是 AGV 沿着磁条行走的主要单元，若磁导航损坏，会造成 AGV 行走不稳，或者无法行走。

22. 读卡器

读卡器用于读取线路中 IC 卡的信息，执行相应的命令。若其损坏，AGV 将无法读到卡号，失去执行该卡号命令的功能，应及时更换。

8.3.3　手动模式下主控PLC对AGV小车的控制与调试

工业机器人实训装置的主控 PLC 对 AGV 小车的控制是通过 Modbus 通信，配合无线模块，进而实现无线数据传输的。

Modbus 网络是一个工业通信系统，由带智能终端的可编程序控制器和计算机通过公用线路或局部专用线路连接而成。其系统结构既包括硬件，也包括软件。它可应用于各种数据采集和过程监控。Modbus 网络只是一个主机，所有通信都由主机发出，网络最多可支持 247 个从机，但实际支持的从机数要由所用的通信设备决定。

AGV 小车与主控 PLC1 采用 RS232 串口。采用 Modbus 通信协议进行数据通信的参数如下：波特率 9600bit/s，8 位数据位，1 位停止位，无校验位的通信方式，且 AGV 小车作为 2 号（地址）主站控制，主控 PLC 作为 1 号（地址）从站。

1. 硬件配置

选择通用型 PLC，通过"获取"的方式即可找到 CM1241（RS232）_1 硬件，如图 8-37 所示。采用默认的无奇偶校验、9600bit/s 波特率、8 位字符数据位、1 位停止位等设置，如图 8-38 所示。

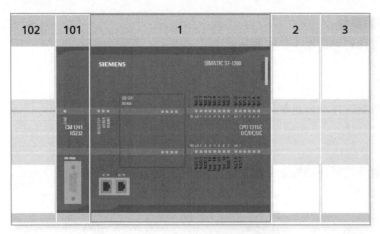

图8-37　主控PLC的设备组态硬件图

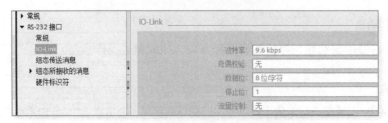

图8-38　PLC与AGV小车的通信属性

2.通信端口初始化

由于通信端口初始化 MB_COMM_LOAD 只运行一次即可，建议放在 Startup（OB100）块中，因为频繁调用它会导致发送数据的丢失。

1）新建 Startup 块。如图 8-39 所示，依次操作图中的第 1~6 步，产生一个 Startup 的启动块。

图8-39　PLC添加启动块Startup界面

2）编程。插入右侧指令，选择"通信"→"通信处理器"→"MODBUS"→"MB_COMM_LOAD"，修改对应的通信属性，如图 8-40 所示。

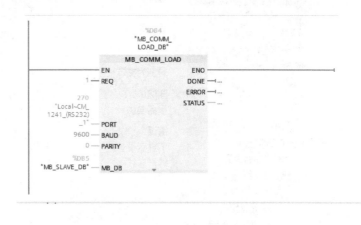

图8-40　MODBUS初始化指令编程

> **注意**　这里的 MB_DB 端应选用作为从站通信的 MB_SLAVE_DB，是主程序中自动分配的 DB 块。

3. 建立通信数据块（全局）

1）新建全局数据块。采用手动，设置为 DB25，名称为"AGV 小车通信数据块"，如图 8-41 所示。

图8-41　创建AGV小车通信数据块界面

2）修改数据块属性。取消优化的块访问，使之允许直接按绝对地址访问数据。

① 右键单击数据块，选择"属性"，如图 8-42 所示。

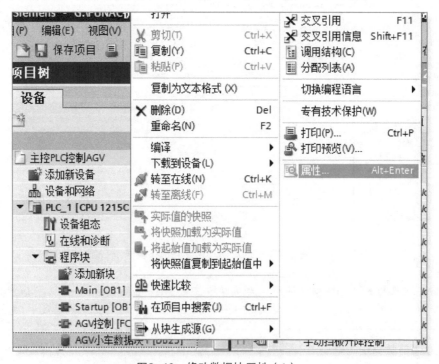

图8-42　修改数据块属性（1）

② 选择"属性"标签，取消选择"优化的块访问"，如图 8-43 所示。最后单击"确定"按钮即可。

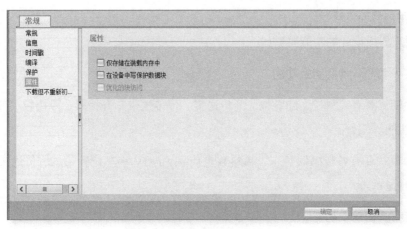

图8-43 修改数据块属性（2）

3）新建通信参数，并分配地址。新建参数如图 8-44 所示，具体含义如下：

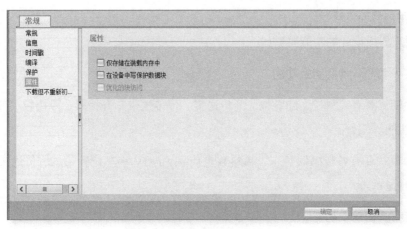

图8-44 AGV小车数据块

① 读地址 1（DB25.DBW0）：传送过来的 AGV 小车当前的状态和位置信息。上料位：4*** 开头；卸料位：8*** 开头。挡板是否升降、是否有物料都会影响 DB25.DBW0 的数据值。

② AGV 运行启停控制（DB25.DBW8）：=1，启动；=2，暂停；=3，停止。

③ AGV 面板数量设置（DB25.DBW10）：可选 1、2、3。

④ AGV 手动控制（DB25.DBW12）：=1，手动前进；=2，手动后退；=3，手动停止。

⑤ AGV 手动 / 自动模式切换（DB25.DBW14）：=1，手动模式；=2，自动模式。

⑥ AGV 手动传送带启停控制（DB25.DBW16）：=1，传送带启动；=2，传送带停止。

⑦ AGV 手动挡板升降控制（DB25.DBW18）：=1，挡板上升；=2，挡板下降。

⑧ AGV 复位控制（DB25.DBW20）：=1，复位；=2，等待操作。

⑨ AGV 自动控制（DB25.DBW22）：=1，启动自动运行；=2，等待操作。

4. AGV用户界面设计

AGV用户界面设计的功能要求如下：

1）具有手动和自动的切换功能。

2）手动模式要有装料位、卸料位、开传送带、停传送带、升挡板、降挡板、前进、停止和返回等控制功能。

3）自动模式要有各传感器状态、物料数量信息、AGV小车位置信息、传送带和挡板的状态信息等实时显示。

4）需要有页面切换功能。

简单的AGV小车人机界面如图8-45所示。

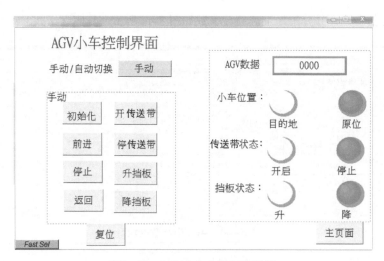

图8-45　AGV小车人机界面设计

各输入输出元件地址见表8-2。

表8-2　AGV小车人机界面地址分配表

名称	手动/自动切换	初始化	前进	停止	返回	开传送带	停传送带
地址	M39.1	M38.0	M38.2	M38.4	M38.3	M38.5	M38.6
名称	升挡板	降挡板	复位	AGV数据	目的地	原位	（传送带）开启
地址	M38.7	M39.0	M38.1	MW37	M40.0	M40.1	M40.2
名称	（传送带）停止	（挡板）升	（挡板）降				
地址	M40.3	M40.4	M40.5				

5. AGV通信编程

（1）从站通信　主控PLC作为地址"1"，从站与AGV小车进行通信，程序如图8-46所示。

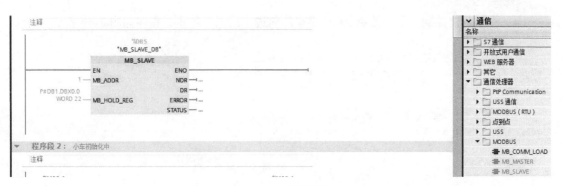

图8-46 从站通信

（2）手动/自动切换　程序如图 8-47 所示。

图8-47 手动/自动切换

（3）初始化　初始化要求：AGV 小车复位、设置初始物料数量为 3。程序如图 8-48 所示。

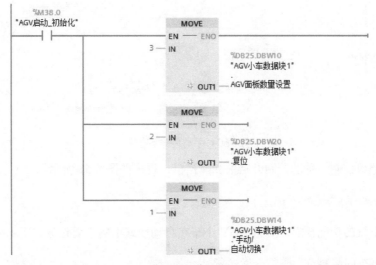

图8-48 初始化

（4）手动行走控制　手动控制 AGV 小车的前进、后退、停止，程序如图 8-49 所示。

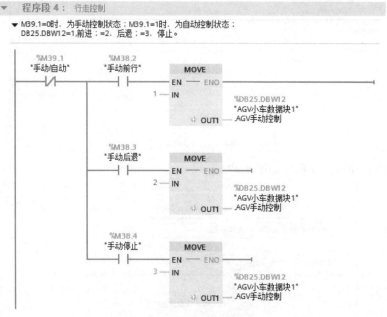

图8-49　手动行走控制

（5）手动传送带控制　手动传送带控制的启动和停止，程序如图 8-50 所示。

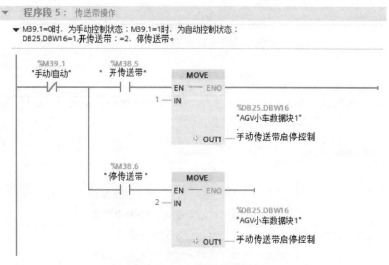

图8-50　手动传送带控制

（6）手动挡板控制　手动控制升挡板和降挡板，程序如图 8-51 所示。

8.3.4　自动模式下的AGV小车运料系统的设计

根据整个系统的功能要求，分析 AGV 小车在自动模式下的主要任务如下：

1）AGV 小车回装料点，等待仓库送货。

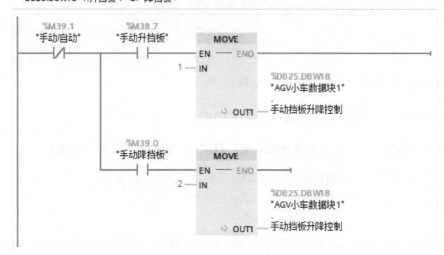

程序段 6: 挡板控制

▼ M39.1=0时,为手动控制状态;M39.1=1时,为自动控制状态;
DB25.DBW18=1,升挡板;=2,降挡板。

图8-51 手动挡板控制

2）达到设定的物料数量（一般设为3,此时的光电传感器全都检测到物料）后,停传送带,前行。

3）到目的地后,自动停止,等待主控 PLC 发命令传送。

4）接到主控命令后,降挡板,开传送带,开始卸料。

5）卸料结束后,升挡板,返回装料点。

6）以此循环。

AGV 小车自动运行控制流程图如图 8-52 所示。

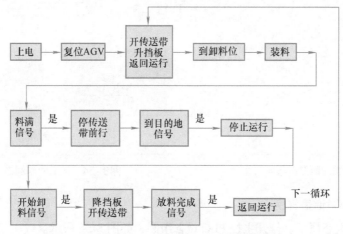

图8-52 AGV小车自动运行控制流程图

8.4 PLC之间的双机通信

S7-1200 的双机通信方式主要有以下两种：

1）基于 CPU 自身通信端口：以太网（TCP/IP）。

2）基于扩展模块：MPI、PROFIBUS-DP、自由口、Modbus 和 CANOPEN。

本实例采用基本以太网通信实现两台 S7-1200 PLC 之间的数据通信。

8.4.1 西门子S7-1200之间的TCP通信测试

S7-1200/1500 的 CPU 都有一个集成的 PROFINET 接口，它是 10M/100Mbit/s 的 RJ45 以太网口，支持电缆交叉自适应，可以使用标准的或交叉的以太网电缆。它可以实现 CPU 与编程设备、HMI 或其他 S7 CPU 之间的通信，支持 TCP、ISO-on-TCP、UDP 和 S7 通信。本实例以较通用的 TCP 为例介绍两台 PLC 之间的通信。

1.创建项目，并组态两台PLC

1）打开博图软件，在软件中添加需要的 PLC，如图 8-53 所示。如果前面在立体仓库取料/卸料系统和 AGV 小车物料传输系统中已经完成了仓储 PLC2 和主控 PLC1 的创建，那么此步骤可省略。

2）在项目中打开网络视图，添加网络，如图 8-54 所示。

图8-53 添加PLC设备

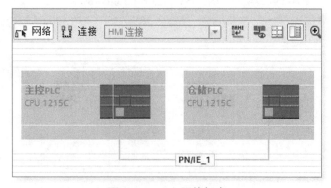

图8-54 PLC网络组态

2.编写主控PLC1通信程序

1）修改设备组态属性。打开主控 PLC 设备组态，如图 8-55 所示。

2）打开 PLC 的属性，启用系统时钟储存器，如图 8-56 所示。

3）在"访问与安全"中选择"连接机制"，设置允许来自远程的访问。

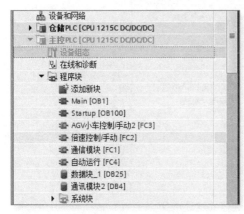

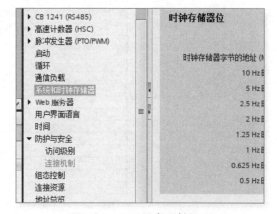

图8-55　PLC设备组态　　　　　　　图8-56　PLC设备属性设置

4）在主控 PLC 中新建一个发送 DB 数据块，作为通信数据使用，如图 8-57 所示。

图8-57　新建发送数据块DB4

5）新建数组 send-data[100]，如图 8-58 所示。

通讯模块2

		名称	数据类型	偏移量	起始值
1		▼ Static			
2		▼ send-data	Array[0..99] ...	0.0	
3		■ send-data[0]	Byte	0.0	16#0
4		■ send-data[1]	Byte	1.0	16#0
5		■ send-data[2]	Byte	2.0	16#0
6		■ send-data[3]	Byte	3.0	16#0
7		■ send-data[4]	Byte	4.0	16#0

图8-58　发送数据数组send-data[100]

6）添加 TSEND_C 指令。打开右侧"指令"→"通信"→"开放式用户通信"，拖动 TSEND_C 到主程序中，如图 8-59 所示。

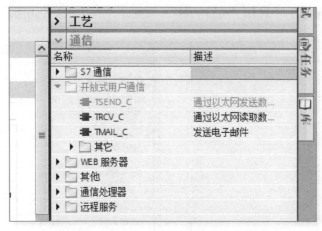

图8-59 PLC开放式用户通信的发送指令

7）在数据发送模块中配置参数。选中 TSEND_C 指令，选择"属性"→"组态"→"连接参数"，出现如图 8-60 所示界面。"伙伴"选择"仓储 PLC"，"连接类型"选择"TCP"，"连接数据"选择"新建"，自动创建数据块（如图中的"主控 PLC_Send_DB"），勾选"主动建立连接"，选伙伴连接数据"新建"，自动创建一个数据块（如图中的"仓储 PLC_Receive_DB"）"伙伴端口"默认为 2000。

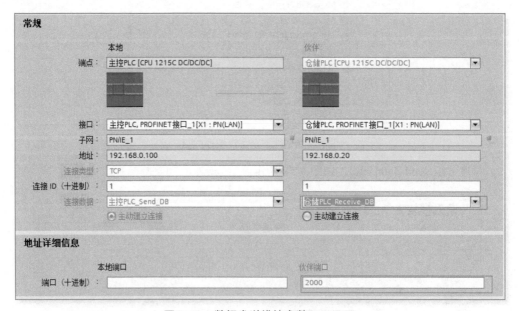

图8-60 数据发送模块参数配置界面

8）数据发送模块编程。程序如图 8-61 所示，各参数含义如下：

① REQ：在上升沿启动发送作业。

② CONT：控制通信连接。0：断开通信连接；1：建立并保持通信连接。

③ LEN：可选参数（隐藏），要通过作业发送的最大字节数。如果在 DATA 参数中使用具

有优化访问权限的发送区，LEN 参数值必须为"0"。对于 CM 1542-5 的 FDL 连接，最大长度为 240B。需注意连接伙伴可处理的最大长度。

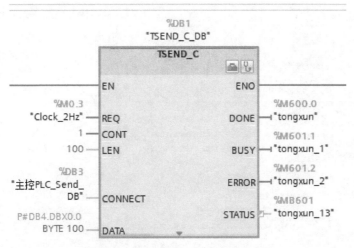

图8-61 数据发送指令TSEND_C应用

④ CONNECT：指向连接描述结构的指针。

⑤ DATA：指向发送区的指针，该发送区包含要发送数据的地址和长度。传送结构时，发送端和接收端的结构必须相同。

3. 编写仓储PLC2通信程序

1）在仓储 PLC2 中创建读取数据块，与主控 PLC 的数据块建立方法相同，且两个模块的数据相同，以此建立两个 PLC 之间的通信。

2）添加 TRCV_C 指令。打开右侧"指令"→"通信"→"开放式用户通信"，拖动 TRCV_C 到仓储 PLC2 主程序中，如图 8-62 所示。

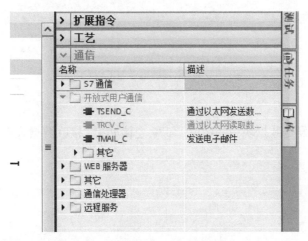

图8-62 PLC开放式用户通信的接收指令

3）在数据接收模块中配置参数。选中 TRCV_C 指令，选择"属性"→"组态"→"连接参数"，按图 8-63 所示，进行参数配置。

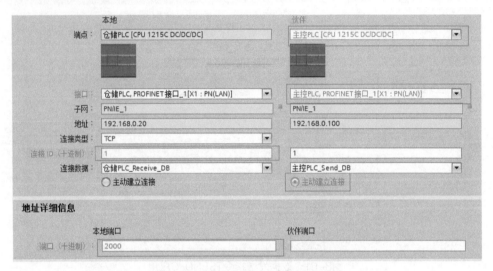

图8-63 数据接收模块参数配置界面

4）数据接收模块编程。程序如图 8-64 所示。

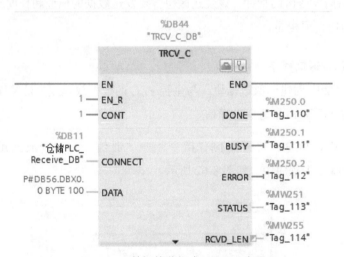

图8-64 数据接收指令TRCV_C应用

4. 下载与调试

修改主控 PLC1 发送数据块中的数值，观察仓储 PLC2 接收数据块中的数值变化，完成两台 PLC 的通信测试。

8.4.2 主控PLC1与立体仓库PLC2之间的通信

1. 通信数据块创建

1）创建主控 PLC1 的发送数据块 DB4 和接收数据块 DB6，分别如图 8-65 和图 8-66 所示。

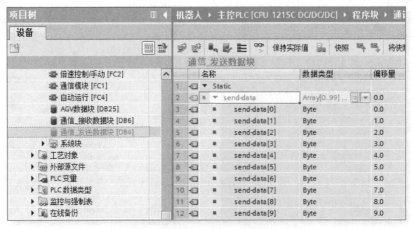

图8-65 主控PLC1的发送数据块DB4

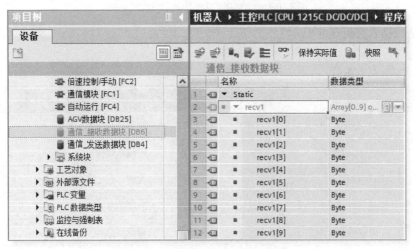

图8-66 主控PLC1的接收数据块DB6

2）创建仓储PLC2的发送数据块DB58和接收数据块DB56，分别如图8-67和图8-68所示。

图8-67 仓储PLC2的发送数据块DB58

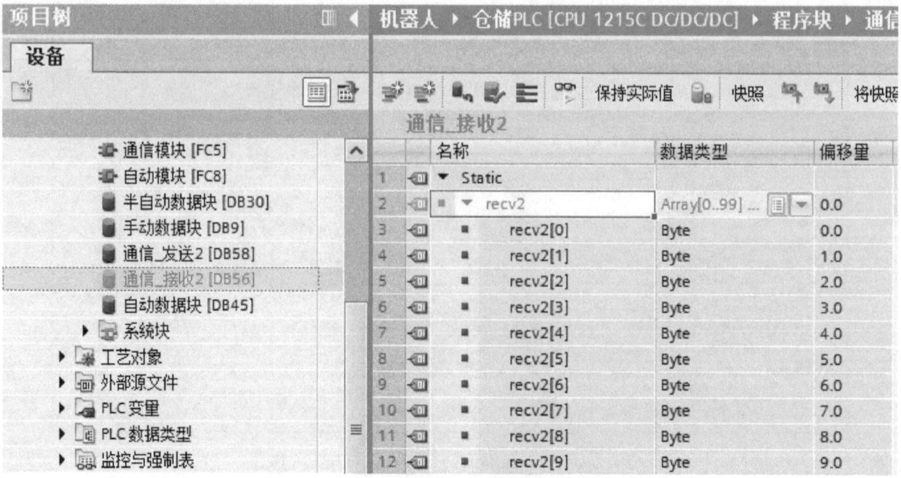

图8-68　仓储PLC2的接收数据块DB56

3）通信数据含义见表8-3。

表8-3　主控 PLC1 与仓储 PLC2 通信数据关系表

主控 PLC1		仓储 PLC2		信号含义
发送数据块 DB4	send−data[0]	接收数据块 DB56	recv2[0]	初始化信号
	send−data [1]		recv2[1]	一键启动信号
	send−data [2]		recv2[2]	允许 / 不允许放料信号
	send−data [3]		recv2[3]	急停信号
	send−data [4]		recv2[4]	回原点信号
接收数据块 DB6	recv1[0]	发送数据块 DB58	send2[0]	仓储 PLC2 的工作模式：自动 / 手动状态
	recv1[1]		send2[1]	堆垛机位置信息 X 位置
	recv1[2]		send2[2]	堆垛机位置信息 Y 位置
	recv1[3]		send2[3]	堆垛机位置信息 Z 位置

2.程序流程图

（1）主控 PLC1 通信流程图　主控 PLC1 作为整个系统的主控，全面协调系统运行。当它发出"初始化"命令时，立体仓库堆垛机、AGV 小车和机器人都应该回原位。这里主要说明主控 PLC1 对仓储 PLC2 的通信控制，因此，只写出有关立体仓库取料 / 卸料部分的控制流程，如图 8-69 所示。

（2）仓储 PLC2 通信流程图　仓储 PLC2 的主要功能是在接收到主控 PLC1 的"初始化""一键启动""回原点""停止"等命令时，做出相应的动作，并发送相应的工作状态信息给主控 PLC1，具体的通信控制流程如图 8-70 所示。

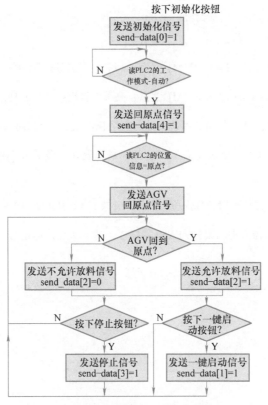

图8-69　主控PLC1通信流程图

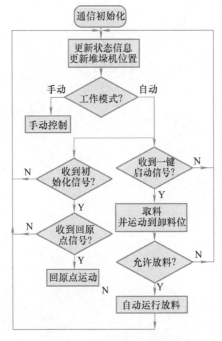

图8-70　仓储PLC2通信流程图

参 考 文 献

[1] 黄忠慧 . 工业机器人现场编程：FANUC [M]. 北京：高等教育出版社，2018.

[2] 孟庆波 . 工业机器人离线编程：FANUC [M]. 北京：高等教育出版社，2018.

[3] 金文兵，许妍妩，李曙生 . 工业机器人系统设计与应用 [M]. 北京：高等教育出版社，2018.

[4] 彭塞金，张卫红，林燕文 . 工业机器人工作站系统集成设计：微课版 [M]. 北京：人民邮电出版社，2018.

[5] 廖常初 . S7-1200 PLC 编程及应用 [M]. 3 版 . 北京：机械工业出版社，2017.

[6] 李艳晴，林燕文 . 工业机器人现场编程：FANUC [M]. 北京：人民邮电出版社，2018.